おうちで学べる
Python
パイソン
のきほん

著｜清水祐一郎／沖野将人

SHOEISHA

本書内容に関するお問い合わせについて

このたびは翔泳社の書籍をお買い上げいただき、誠にありがとうございます。弊社では、読者の皆様からのお問い合わせに適切に対応させていただくため、以下のガイドラインへのご協力をお願い致しております。下記項目をお読みいただき、手順に従ってお問い合わせください。

●ご質問される前に

弊社Webサイトの「正誤表」をご参照ください。これまでに判明した正誤や追加情報を掲載しています。

正誤表　https://www.shoeisha.co.jp/book/errata/

●ご質問方法

弊社Webサイトの「書籍に関するお問い合わせ」をご利用ください。

書籍に関するお問い合わせ　https://www.shoeisha.co.jp/book/qa/

インターネットをご利用でない場合は、FAXまたは郵便にて、下記"翔泳社 愛読者サービスセンター"までお問い合わせください。
電話でのご質問は、お受けしておりません。

●回答について

回答は、ご質問いただいた手段によってご返事申し上げます。ご質問の内容によっては、回答に数日ないしはそれ以上の期間を要する場合があります。

●ご質問に際してのご注意

本書の対象を超えるもの、記述個所を特定されないもの、また読者固有の環境に起因するご質問等にはお答えできませんので、予めご了承ください。

●郵便物送付先およびFAX番号

送付先住所　〒160-0006　東京都新宿区舟町5
FAX番号　　 03-5362-3818
宛先　　　　（株）翔泳社 愛読者サービスセンター

はじめに

　2023年はChatGPTの登場とともに生成AIに多くの期待が寄せられた年でした。画像を生成するGANやStable Diffusionといったアルゴリズムを搭載した人工知能や、ChatGPTに代表されるテキストを生成するTransformerというアルゴリズムを搭載した人工知能が登場しました。これらを組み合わせることで、画像や文章などの異なる種類のデータを扱えるマルチモーダルな人工知能が登場し、その技術は、汎用人工知能へと発展していくことが期待されています。

　ChatGPTはPythonのコードも生成できるようになりました。もはやエンジニアリングは、プロンプト（ChatGPTにどのような質問を行うか）の世界であり、「Pythonを使ったエンジニアリングなんか必要ない」という声も聞こえてきます。

　しかし、そうした時代にあっても、新しいモノを開発して、人々の生活を豊かにしていこうという営み自体は変わりません。そして、新しいモノを開発するために求められるのは、過去のデータに基づいて自動的に生成されるコードではありません。それらのコードに、新しい視点や新しいコードを書き加えた新たな発想こそが、今の時代に求められるPythonエンジニアリングなのです。さらには、新しいモノを開発するためのプロジェクトマネジメントの能力も、エンジニアには必要になってきています。

　本書では、これらを踏まえ、次のようなことを重視しています。

- 身近な例を用いてできる限り理解しやすくする
- Pythonを題材として様々な言語にも応用できる汎用的なスキルを獲得できる
- コードの書き方からプロジェクトマネジメントまで、開発に求められるすべてのスキルを網羅できる

　本書は、常に最新の人工知能論文に目を配り、人工知能エンジニアリングの最前線で活躍している沖野将人氏との共著だからこそ、その内容に厚みを

もたせることができました。

　本書が、Python を使って新しいことを始めたい、開発に挑戦したい、そのような方たちの役に立つものになれば幸いです。

　最後に、いつも変わらぬ笑顔と元気で私を元気づけてくれる４人の子どもたちと妻、私たちに我慢強く伴走してくださった翔泳社の長谷川和俊氏に厚くお礼申し上げます。

2024 年 5 月　著者を代表して

清水 祐一郎

本書の概要

　本書は、Pythonについて、基礎から実践的な知識まで幅広く学ぶことができる書籍です。特にPythonを用いて人工知能を構築するための知識を中心に構成しています。

　人工知能に興味がある、人工知能がどのようにつくられているのか知りたいという人から、Pythonで実際に開発をしてみたい、人工知能で解決したい課題があるという人まで、幅広い人を対象としています。

　例えば、人工知能に関わる製品を販売している営業担当者にとっては、自分が扱っている人工知能がどのようにつくられているかを知っていることは、商談の際に相手からの信頼を得るために重要なことです。本書では、人工知能に関わる用語（例えば、機械学習とは何か、汎用人工知能とは何か、生成AIとはどのようなものか）の解説もしているため、人工知能のさわりを押さえておきたい人にとっても理解しやすい内容になっています。

　また、Pythonやプログラミングの基礎的なことは知っているけれど人工知能は知らない、反対に、人工知能は知っているけれどPythonはどのようなものかわからないというエンジニアにとっても、本書では、オブジェクト指向などのプログラミングの考え方から、人工知能のアルゴリズムの詳細まで身近な例を題材にしてわかりやすさを心がけて解説しているので、知りたいことを理解できるはずです。

　そうしたことをかなえるために、本書は「やってみよう！」と「学ぼう！」の2つのパートで構成しています。

　「やってみよう！」のページでは、Pythonのコードを書くことで、どのようなコードを書くと、どのような動きになるのかを感覚的に理解できるようにしました。また、身近なところでプログラムがどのように活かされているのか、人工知能がどのように活かされているのか、エンジニアリングや開発の考え方の基礎を身に付けられるように構成しています。

　「学ぼう！」のページでは、できる限り平易な表現を心がけながら、本質を

理解して、実際に開発の現場で活用できるような活きた知識を習得できるようにしています。エンジニアリングだけでなく、プロジェクトマネジメントや人工知能が搭載された製品の実例など、どのように応用して、どのように開発を進めるかという視点もPythonを使って新製品の開発を行う際には重要であると考え、そのような内容も含めることで、活きた知識を網羅的に習得できるようにしました。

　各章の最後にある「練習問題」では、その章のポイントをクイズ形式で振り返ることができます。

　実際の開発に踏み出す後押しに少しでも貢献できると幸いです。

「実習」のページ（やってみよう！）

　実際にコードを書いて試してみる部分です。「Colaboratory」という無料で利用できるサービスを利用してコードを書くことで、どのようなプログラムを書けば、どのような出力になるのかを直感的に理解できます。

「講義」のページ（学ぼう！）

　オブジェクト指向や人工知能のアルゴリズムなど、汎用的な知識を学ぶ部分です。実習とベースとなる知識を行き来することで、実践的な知識の習得が期待できます。

本書の執筆環境

OS：Windows 10
ブラウザ：Google Chrome
Python：3.8.1（2024年4月時点のGoogle Colaboratoryのデフォルト）
コードエディタ：Google Colaboratory
※Google Colaboratoryはブラウザ上で動作するため、基本的にコードを動かすための特別な環境を用意する必要はありません

目次

はじめに..3

本書の概要...5

Chapter 01 | プログラミングを学ぼう
〜プログラミングが Python のスタート地点〜

1-1 プログラミングを体験してみよう　　16

Step1　身近なところでプログラミング技術が使われているものを挙げてみよう
16 ／ Step2　機器が備える機能を分解して考えてみよう　16 ／ Step3　機能を
実現するためのプログラムについて考えてみよう　17

1-1-1 プログラミングは必須スキル 18
生成AIの登場でますます注目される人工知能　18 ／国もデジタルリテラシー向
上の方針を打ち出す　20 ／手軽にプログラミングを学べる Scratch　21

1-1-2 プログラミングの考え方を習得しよう 24
命令の流れを考える　24 ／条件分岐や繰り返し処理を考える　25 ／フロー
チャートで設計図を書く　26

1-2 オブジェクト指向プログラミングの考え方を学ぼう　　29

Step1　1から10まで足し算してみよう　29 ／ Step2　処理の流れをフロー
チャートで表してみよう　30 ／ Step3　1から10の偶数の足し算をフローチャート
で表現してみよう　31 ／ Step4　コーディングするため、Google Colaboratory
を準備しよう　31 ／ Step5　1から10の偶数の足し算をコードで表現してみよ
う　32

1-2-1 オブジェクト指向プログラミングとは何だろうか？ 34
「型」の概念を理解する　34 ／「変数」と「関数」を使ってプログラムを動作させ
る　35 ／オブジェクト指向プログラミングを理解する　37

1-2-2 オブジェクト指向プログラミングの特徴であるクラスを
学ぼう 39
クラスのプログラムのつくり方　39 ／インスタンス変数の意義　40 ／クラスの
使い方　42

1-2-3 オブジェクト指向プログラミングの特徴であるポリモーフィズム
を学ぼう 44
ポリモーフィズムの概要　44／ポリモーフィズムのつくり方と使い方　45

1-2-4 オブジェクト指向プログラミングの特徴である継承を学ぼう ... 47
継承の概要　47／継承のつくり方と使い方　48

練習問題 51

Chapter 02 | **プログラミング言語Pythonの特徴を学ぼう**
　　　　　　～ Pythonもプログラミング言語のひとつ～

2-1 Pythonの成り立ちを学ぼう　　　　　　　　　　　　　　54
Step1　知っているプログラミング言語を列挙してみよう　54／Step2　身近な
スマホアプリの開発に使われている言語を調べてみよう　55／Step3　スマホア
プリに使われている言語がどのような使われ方をしているか調べてみよう　55

2-1-1 プログラミング言語の歴史を学ぼう 56
コンピュータの発展とプログラミング言語　56／プログラム内蔵方式のコン
ピュータが登場　56／ほどなくして高水準言語が登場　57

2-1-2 オープンソースのプログラミング言語としてPythonが誕生 59
高水準言語の登場から30年でPythonが誕生　59／Pythonはオープンソースの
プログラミング言語　60

2-2 Pythonと他のプログラミング言語との違いを学ぼう　　　62
Step1　FizzBuzz問題の前に"Hello, World"の違いを見てみよう　62／Step2
FizzBuzz問題の書き方の違いを見てみよう　64／Step3　FizzBuzz問題の汎用
性を高めてみよう　65

2-2-1 様々な思想に基づきプログラミング言語は開発されてきた 67
Python以外の言語も多数開発されている　67／オブジェクト指向をサポートし
ないプログラミング言語も存在する　68／Pythonで関数型プログラミングを書
いてみる　69

2-2-2 変数設定時に型の宣言が必要なプログラミング言語と
不要なプログラミング言語 71
静的型付けと動的型付けのプログラミング言語がある　71／静的型付けと動的型
付けで何が変わるのか？　72／動的型付けでは入力や出力に制限を設けたいとき
に不便が生じる　73

2-2-3 プログラミング言語ごとに強みがある 75

プログラミング言語だけでなくシステムの種類も増えている　75／Webアプリ開発が得意なプログラミング言語　76／デスクトップアプリやスマホアプリ、組み込みソフト開発が得意なプログラミング言語　77／Pythonの言語としての特徴　78

2-3 便利に使えるライブラリを見てみよう　　　　　　　　　　　80

Step1　行列演算が得意なPythonライブラリ「Numpy」をインストールしてみよう　80／Step2　Google Colaboratoryにインストールされていないライブラリをインストールしてみよう　81／Step3　Google Colaboratoryにインストールされているライブラリを調べよう　81／Step4　「Numpy」で行列を定義して合計値を出してみよう　82／Step5　「Numpy」のsum関数の使い方を見てみよう　83

2-3-1 Python では様々なライブラリが開発されている 85

ライブラリとは何か？　85／Pythonで利用できるライブラリ　86／人工知能開発でよく利用される数値を扱うためのライブラリ　88／人工知能開発でよく利用されるアルゴリズム豊富なライブラリ　89

練習問題 91

Chapter 03 人工知能の基本となる機械学習を学ぼう
～機械学習の種類は豊富にある～

3-1 機械学習について知ろう　　　　　　　　　　　　　　94

Step1　自身が「学習した」という経験を3つ以上挙げてみよう　94／Step2　「学習した」経験がどのようなタスクなのかを考えよう　95

3-1-1 人工知能に関わる言葉 96

人工知能の背景にあるアルゴリズム　96／強い人工知能と弱い人工知能　97

3-1-2 学習に関する言葉 99

学習するとはどういうことか？　99／人工知能の学習でまず登場するのが機械学習　100／第3次人工知能ブームで注目される深層学習　101／ChatGPTでも使われている強化学習　102

3-1-3 人工知能は機械学習だけではない 104

文章から情報を得るテキストマイニング　104／大量の情報から目的の情報を得る検索エンジン　105

3-2 機械学習のアルゴリズムの違いを知ろう　　　　　　　107

Step1　機械学習用データセットを取得して表示してみよう　107／Step2　irisデータセットに対して教師なし学習の代表である「クラスタリング（k-means）」を実装し、可視化してみよう　108／Step3　irisデータセットを用いて教師あ

り学習の分類モデル「サポートベクターマシン (SVM)」を実装してみよう　109
／ Step4　回帰用データセット「diabetes」を取得してみよう　111 ／ Step5
diabetesデータセットを用いて教師あり学習の「ランダムフォレスト回帰」を
実装してみよう　113

3-2-1　機械学習は教師あり学習と教師なし学習に分けられる 115

教師データとは何か？　115 ／教師あり学習と教師なし学習の違い　116 ／半教
師あり学習や自己教師あり学習もある　118 ／ Pythonの「scikit-learn」の便利
なアルゴリズム・チートシート　119 ／ハイパーパラメータの設定方法で結果が
大きく変わる機械学習　120

3-2-2　分類問題を解くための教師あり学習について学ぼう 122

サポートベクターマシンを学ぼう　122 ／木構造によって分類を行うアルゴリズ
ム決定木学習　123 ／ Gini係数と情報利得を計算する　125 ／ランダムフォレ
ストで教師データによる偏りを解消する　127 ／ナイーブベイズ推定を学ぶ
128 ／ニューラルネットワークを学ぶ　130 ／ニューラルネットワークのアルゴ
リズム　131 ／ k近傍法を学ぶ　134

3-2-3　数値データを予測する教師あり学習について学ぼう 136

非線形な関数に応用する　136 ／時系列予測のひとつMAモデル　137 ／時系列
予測のARモデル　138

3-2-4　新たな知見を得ることができる教師なし学習について学ぼう .. 140

教師なし学習のひとつ主成分分析　140 ／クラスタリングの代表例階層的クラス
タリング　141 ／ k-meansクラスタリングを学ぶ　143

練習問題 146

Chapter 04 : ディープラーニングについて学ぼう
〜深い層のニューラルネットワークが人工知能をつくる〜

4-1　画像を扱うことが得意な畳み込みニューラルネットワークについて学ぼう　148

Step1　MNISTのデータセットの訓練データを表示させよう　148 ／ Step2　ミ
ニバッチ内の画像データを可視化してみよう　149 ／ Step3　構成されるモデル
をPyTorchのクラスで定義しよう　150 ／ Step4　Step3で定義したモデルで実
際に学習してみよう　152

4-1-1　畳み込みニューラルネットワークの概要 155

従来の画像認識精度を凌駕するモデルの登場　155 ／移動不変性が鍵　156

4-1-2　モデル構成と各層の概要 158

モデルの基本構造と各層の役割　158 ／畳み込み層の仕組み　159 ／プーリング
層の仕組み　161 ／その他のハイパーパラメータの例　162

4-1-3 ディープラーニングの学習 164
誤差逆伝搬法とは？ 164 ／実際に学習パラメータを更新させる 165

4-2 時系列データを扱うことが得意なリカレントニューラルネットワークについて学ぼう 170
Step1　時系列データセットを取得して表示してみよう 170 ／ Step2　時系列データセットを分けてみよう 171 ／ Step3　リカレントニューラルネットワーク（LSTM）で学習させよう 172

4-2-1 時系列データを扱うニューラルネットワーク 174
リカレントニューラルネットワークとその構成 174 ／長期記憶を可能にした「LSTM」 175

4-2-2 リカレントニューラルネットワークの応用とその拡張...............177
LSTMを改変したニューラルネットワーク「Gated Recurrent Unit」 177 ／CNNとRNNの融合 177

4-3 文章解析精度を飛躍させたアテンションについて学ぼう 179
Step1　翻訳モデル「Seq2Seq」のエンコーダ部分を定義しよう 179 ／ Step2　デコーダ部分を定義しよう 180 ／ Step3　デコーダ部分に「アテンション」を実装してみよう 181

4-3-1 アテンションの概要...183
アテンションの特徴 183 ／画像処理での「アテンション」 184 ／自然言語での「アテンション」 185

4-3-2 自然言語処理の革命児「Transformer」.......................................187
Transformerの概要 187 ／単語の位置情報を付与する「Positional Encoding」 188 ／自分自身に注目させる「Self-Attention」 190 ／異なる文の単語列同士で注目させる「Source-Target-Attention」 191

4-4 画像や文章を生成しよう 193
Step1　「ChatGPT」を使ってみよう 193 ／ Step2　「ChatGPT」でチャットをしてみよう 194 ／ Step3　「ChatGPT」のAPIを使う準備をしてみよう 194 ／ Step4　PythonからAPIを呼び出して、「ChatGPT」から簡単な応答を受け取ろう 195

4-4-1 生成系AIの種類 197
生成系AIには様々な種類がある 197 ／テキスト生成系AI 198 ／画像生成系AI 198

4-4-2 画像生成系AI「GAN」...200
画像生成系AIの元祖 200 ／偽物を生成する「Generator」 201 ／偽物を見破

る「Discriminator」 202

4-4-3 テキスト生成系AI「ChatGPT」...205
GPTとは？ 205 ／「InstructGPT」の登場 206 ／強化学習を取り入れた対話
特化型GPTモデル 207

練習問題...210

Chapter 05 実践的な人工知能の構築手法を学ぼう
～データは必ずしも完全ではない～

5-1 テキストデータの扱い方を学ぼう　212

Step1　テキストデータをダウンロードしてみよう 212 ／ Step2 「Janome」
を用いて形態素解析をしてみよう 213 ／ Step3　テキストデータを0と1の数
字で表してみよう 214 ／ Step4　テキストデータを用いてWord2Vecで学習
させてみよう 215 ／ Step5　学習させたWord2Vecを用いて単語をベクトル
化し、可視化してみよう 217

5-1-1 テキスト解析に必要な処理 219
コンピュータの文字認識 219 ／テキスト情報を人工知能モデルに認識させるに
は？ 220 ／文を最小単位の要素に分解する 221

5-1-2 テキストを数字で扱うためのWord2vec 223
学習によって単語の「分散表現」を獲得したWord2vec 223 ／「CBOW」と
「Skip-gram」 224

5-2 人工知能に関するその他の言葉　226

Step1　カテゴリ変数を数値に変換しよう 226 ／ Step2　欠損値の削除や補完
をしてみよう 227 ／ Step3　正規化・標準化をしてみよう 228 ／ Step4
データ拡張をやってみよう 229

5-2-1 カテゴリ変数の扱い方...231
数値で表せない変数の対処法 231

5-2-2 欠損値の処理をしてみよう 233
補完と削除 233

5-2-3 正規化・標準化の処理をしてみよう 235
データを分析する上での基本的な前処理方法 235

**5-2-4 過学習に陥らないよう訓練データとテストデータに分けて
利用する** 237
汎用的な精度を求めるには？ 237

5-2-5 転移学習とファインチューニングを学ぼう 239
学習させたモデルの有効活用 239

5-2-6 データ拡張を学ぼう.. 242
データ数が少ないときの対処方法のひとつ 242

練習問題.. 245

Chapter 06 人工知能をつくるために扱うデータを学ぼう
～どんなデータがあるのか？～

6-1 人工知能には様々なデータが用いられている   248

Step1 データにはどういうものがあるか考えてみよう 248 ／ Step2 データからどのような情報を手に入れたいかを考えてみよう 249

6-1-1 画像データを用いたサービス 250
人工知能が用いられているデータの代表例「画像データ」 250 ／スマホアプリには画像を用いたサービスがたくさん登場している 250 ／工場で利用される画像を用いた人工知能 252 ／設備点検で利用される画像を用いた人工知能 254 ／防犯用途の画像を用いた人工知能 255 ／病院で使う画像を用いた人工知能 256

6-1-2 テキストデータを用いたサービス 258
大きな変革期にあるテキストデータを用いたサービス 258 ／ ChatGPTの登場で変化が起きる可能性があるチャットボット 259 ／翻訳サービスは最も普及しているテキスト解析サービスのひとつ 259 ／今後ますます普及が期待されるテキスト解析サービス 260

6-1-3 音声データを用いたサービス 261
音声データを用いたサービスの分類 261 ／音声データをテキスト化するサービス 261 ／音声データをテキスト化して解析した結果を用いて提供するサービス 262 ／音声や音データ自体を用いるサービス 264

6-1-4 IoTデータを用いたサービス   265
様々なデバイスが登場、IoTデータを用いたサービス 265 ／ IoTデータを用いたサービス 265 ／生体データを用いたサービス 267 ／点群データを用いたサービス 267

練習問題.. 270

Chapter 07 **Pythonを使って人工知能をつくろう**
〜プロジェクトマネジメントを学ぶ〜

7-1 プロジェクトマネジメントを体系的に学ぼう 272

Step1　プロジェクトとはどういうものか考えてみよう　272 ／ Step2　プロジェクトを進めるにあたり気を付けるべきことを考えてみよう　273 ／ Step3　人工知能のプロジェクトとシステム開発のプロジェクトの違いを考えてみよう 273 ／ Step4　規則性を見つけることが人工知能開発の第一歩　274 ／ Step5 描画してみよう　274

7-1-1 プロジェクトマネジメントとは何か？ 276

プロジェクトに規模の大小は関係ない　276 ／プロジェクトマネジメントはアジャイルの時代に　277 ／プロジェクトはQCD 管理から価値提供システムへ 278 ／プロジェクトマネジメントの原理・原則とは？　280 ／『PMBOK』の定めるパフォーマンスドメイン　281

7-1-2 ウォーターフォール型のシステム開発工程を押さえよう......... 283

システムの開発工程の概要　283 ／要求分析と要件定義でスコープを定める 284 ／基本設計と詳細設計でシステムを定義してコーディングで実装する　285 ／検証してリリースする　287

7-1-3 アジャイル型に近い人工知能の開発工程...................................... 289

人工知能開発とシステム開発の違い　289 ／人工知能の開発工程の概要　290 ／ 人工知能で解決できそうな課題なのかあたりを付ける　292 ／少量のデータで解析し、どのような価値を提供し得るかを考える　293

練習問題... 296

索引 297

プログラミングを学ぼう

～プログラミングが
Pythonのスタート地点～

本章では、「プログラミング」とはどういうものかというところから解説します。Pythonをはじめとして、注目度の高いプログラミング言語のトレンドや、プログラミングを行う際に必要となる思考方法を身に付けます。そして、オブジェクト指向という多くのプログラミング言語で取り入れられている考え方を学んでいきます。

プログラミングを体験してみよう

　Pythonで人工知能をつくっていくためにプログラミングは欠かせません。プログラミングというととっつきにくいもののように思われがちですが、私たちの周りにあるほとんどのものがプログラムによって動いており、私たちの生活にプログラミング技術は欠かせないものになっています。

　まずは、身近なところにあるプログラムを見つけることで、プログラミングに親しんでいきましょう。

Step1　身近なところでプログラミング技術が使われているものを挙げてみよう

　私たちの周りには、実はプログラムで動いているものがたくさんあります。プログラムで動いているものを見つけて書き出してみましょう。

- ・
- ・
- ・
- ・

解答例 スマートフォン、ノートPC、無線ネットワーク、テレビ、エアコンなど

Step2　機器が備える機能を分解して考えてみよう

　身近にプログラムで動いているものがたくさん見つかりました。

　ここでは、それらがどのようなプログラムで動いているかを考えてみます。まずは、その機器がどのような機能をもっているかを書き出してみましょう。

対象機器：

その機器がもつ機能：

・

・

解答例 スマートフォンには、指紋認証の機能、写真を撮る機能、アプリをインストールする機能、無線通信を行う機能など、様々な機能が搭載されています。

Step3　機能を実現するためのプログラムについて 考えてみよう

　スマートフォンのような小さなものからスーパーコンピュータのような巨大なサーバー、身近にあるテレビや電子レンジ、掃除機などの家電製品に至るまで、デジタル技術を利用しているものはプログラムで動いています。

　プログラムは、各機能を実現するために必要となるシステムへの命令文の役割を果たすものです。例えば、指紋認証の機能を実現するためには、次のような動作命令が実行されていると推測できます。

①ロック画面でホームボタンがタップされたときに指紋の読み取り命令
②指紋の読み取り結果とスマートフォンのあらかじめ記憶している指紋との照合命令
③照合の結果、一致した場合にスマートフォンのロックを解除する命令

　単純化して書きましたが、指紋認証の機能を実現するためにも多くの命令が実行されていることがわかります。

　Step2で挙げた機能を1つ取り上げ、どのような命令が実行されているかを推測してみましょう。

対象となる機能：

その機能を実現するための命令：

・

・

解答例 対象となる機能：写真を撮る機能
　　　その機能を実現するための命令：
　　　①スマートフォンのカメラアプリがタップされたときにカメラを起動する命令
　　　②シャッターボタンが押されたときに写真を撮る命令
　　　③撮った写真を保存する命令
　　　他にも写真を撮る際に、輝度を調整したり、ピントを調整したり、多くの命令が実行されています。

プログラミングは必須スキル

◎ 生成AIの登場でますます注目される人工知能

　2010年代初頭に登場した深層学習は、大量のデータを学習することで、それまで難しいとされていた画像の特徴量の抽出を自動化することに成功しました。それ以来、深層学習は、多くのシステムに組み込まれ、私たちの生活を豊かにしています。例えば、深層学習によって、顔認証技術が発達し、スマートフォンの画面ロック解除に活用できるようになりました。

　近年、人工知能はさらなる進化を遂げました。それが、昨今注目を集めている**生成AI**です。深層学習を代表例とする生成AI以前から存在する人工知能は、取得した画像やデータを解析することで何らかの情報を得ることに活用されてきました。一方、生成AIでは、情報を得るだけでなく、画像や文章を自ら創り出すという創造的な活動へと活用できるようになったのです。

　Pythonは、このような人工知能の発展を支えるプログラミング言語のひとつです。2022年末にpaiza株式会社が公開したデータによると、「社会人の学習で人気の高い言語ランキング」および「学生の学習で人気の高い言語ランキング」で、Pythonがいずれも1位に選ばれ、高い注目を集めていることがわかります。また、転職時に企業からニーズの高い言語として、C#言語を抑えて4位にランクインするなど、Pythonを扱える人材に対する高い需要も明らかになってきています（図1、図2、図3）。

2022年 カッコ内は2018年の順位	言　語	2018年との比較
1位（1）	Python	⟹ 0
2位（2）	Java	⟹ 0
3位（3）	PHP	⟹ 0
4位（7）	JavaScript	⬆ 3
5位（5）	C#	⟹ 0
6位（4）	Ruby	⬇ -2
7位（6）	C	⬇ -1
8位（8）	C++	⟹ 0
9位（12）	Go	⬆ 3
10位（10）	Swift	⟹ 0
11位（15）	Kotlin	⬆ 4
12位（13）	Perl	⬆ 1
13位（11）	Scala	⬇ -2
14位（14）	Objective-C	⟹ 0

図1　社会人の学習で人気の高い言語ランキング（2018年、2022年の比較）

2022年 カッコ内は2018年の順位	言　語	2018年との比較
1位（1）	Python	⟹ 0
2位（2）	Java	⟹ 0
3位（4）	C++	⬆ 1
4位（3）	C	⬇ -1
5位（6）	C#	⬆ 1
6位（8）	JavaScript	⬆ 2
7位（7）	PHP	⟹ 0
8位（5）	Ruby	⬇ -3
9位（9）	Swift	⟹ 0
10位（10）	Go	⟹ 0
11位（14）	Kotlin	⬆ 3
12位（12）	Perl	⟹ 0
13位（11）	Scala	⬇ -2
14位（13）	Objective-C	⬇ -1

図2　学生の学習で人気の高い言語ランキング（2018年、2022年の比較）

2022年 カッコ内は 2020年の順位	言　語	2020年との 比較	言語別求人数比率
1位 (1)	JavaScript	⇒ 0	15.6%
2位 (2)	Java	⇒ 0	14.0%
3位 (3)	PHP	⇒ 0	13.1%
4位 (5)	Python	⬆ 1	8.0%
5位 (4)	C#	⬇ -1	7.8%
6位 (11)	TypeScript	⬆ 5	6.7%
7位 (6)	Ruby	⬇ -1	5.1%
8位 (12)	Kotlin	⬆ 4	4.9%
9位 (10)	Swift	⬆ 1	4.8%
10位 (7)	C++	⬇ -3	3.8%
11位 (13)	Go	⬆ 2	3.4%
12位 (8)	C	⬇ -4	3.3%
13位 (9)	Objective-C	⬇ -4	3.2%
14位 (14)	Visual Basic（VB.NET）	⇒ 0	2.6%
15位 (16)	Sass	⬆ 1	1.3%
16位 (17)	Scala	⬆ 1	1.2%
17位 (15)	Perl	⬇ -2	1.2%

図3　転職で企業からニーズが高い言語ランキング（2020年、2022年の比較）

◉ 国もデジタルリテラシー向上の　方針を打ち出す

　人工知能などの先進技術の活用をはじめとしたデジタル化の推進のため、国としてもデジタル人材の育成・確保に力を入れて取り組んでいます。国が推進する大規模プロジェクトのひとつである「デジタル田園都市国家構想」では、デジタルの力で地方を活性化させることを目指し、「**デジタル推進人材**」を2026年度までに230万人育成する方針を掲げています。

　初等教育や中等教育現場でも、デジタルリテラシー向上のための施策は進んでいます。2020年からは、小学校でプログラミング教育が必修化され、2022年からは高校でプログラミング教育が必修化されました。そして、2025年からは、大学入試共通テストで「情報」が数学や国語と同じ基礎教科として

試験科目に組み込まれるため、高校生はプログラミングの勉強を、数学や国語と同じくらい時間をかけて取り組んでいく必要があります（図4）。

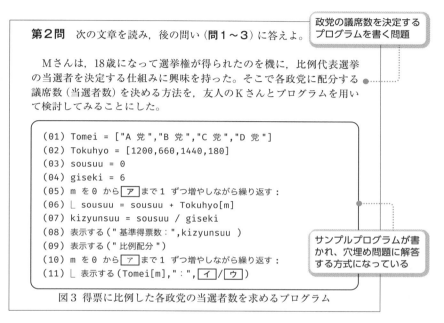

第2問 次の文章を読み，後の問い（**問1〜3**）に答えよ。

> 政党の議席数を決定するプログラムを書く問題

Mさんは，18歳になって選挙権が得られたのを機に，比例代表選挙の当選者を決定する仕組みに興味を持った。そこで各政党に配分する議席数（当選者数）を決める方法を，友人のKさんとプログラムを用いて検討してみることにした。

```
(01) Tomei = ["A党","B党","C党","D党"]
(02) Tokuhyo = [1200,660,1440,180]
(03) sousuu = 0
(04) giseki = 6
(05) m を 0 から ア まで 1 ずつ増やしながら繰り返す：
(06) └ sousuu = sousuu + Tokuhyo[m]
(07) kizyunsuu = sousuu / giseki
(08) 表示する("基準得票数：",kizyunsuu )
(09) 表示する("比例配分")
(10) m を 0 から ア まで 1 ずつ増やしながら繰り返す：
(11) └ 表示する(Tomei[m],"：", イ / ウ )
```

> サンプルプログラムが書かれ、穴埋め問題に解答する方式になっている

図3 得票に比例した各政党の当選者数を求めるプログラム

図4 「情報」の共通テストのサンプル問題（文部科学省より）

数年後には、プログラミングを必修科目として学んできた生徒たちが社会人となり、デジタルネイティブとして活躍し始めます。

このようなトレンドの中で、社会人になった後に学び直す「リカレント教育」の重要性が取りざたされることも増え、プログラミングは、**社会人としての必須スキル**のひとつであるといっても過言ではないでしょう。

◎ 手軽にプログラミングを学べるScratch

プログラミングを最も手軽に学習できるもののひとつに**Scratch**（スクラッチ）があります。これは、マサチューセッツ工科大学のメディアラボが開発

した子ども向けのビジュアルプログラミング言語です。2006年の登場から、すでに20年近くの歴史をもつプログラミング言語となっています。

　プログラミング言語というと、命令文をコードによって記述してPCなどを動作させるものが一般的ですが、ビジュアルプログラミング言語の場合、あらかじめ用意されたコードのブロックを組み合わせることで命令を実行します。ブロックをドラッグ＆ドロップすることで、積み木をつくるかのように簡単にプログラミングができることから、小学生を中心とする幅広い層でプログラミング学習の最初のステップとして活用されています。世界のユーザー数は1億人を超え、日本のユーザー数も200万人近くに達しています。

　実際に、Scratchを利用してみましょう。ScratchのWebページ（https://scratch.mit.edu/）にアクセスすると、図5の画面が登場します。「注目のプロジェクト」の欄には、他のユーザーがScratchを使って実際につくったプログラムが公開されています。

図5　ScrachのWebページのトップ画面

　「SCRATCH」のロゴの横に表示されている「作る」のボタンを押すことで、自分のプログラムをつくれるようになります（図6）。プログラムは、図7に示すように、簡単な操作で作成して実行できます。豊富なコードがあらかじめ用意されており、世界中で多くのプログラムが日々作成されています。

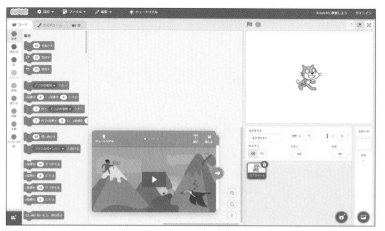

図6　「作る」ボタン押下後の画面

ドラッグ＆ドロップで
プログラミング

左のプログラムの通り
に猫が動く

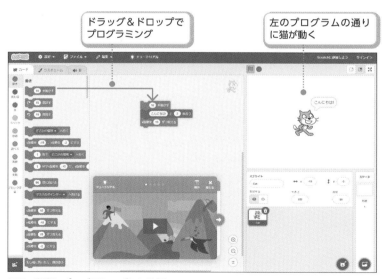

図7　実際にプログラミングした結果

1-1-2 学ぼう！

プログラミングの考え方を習得しよう

◉ 命令の流れを考える

前項ではプログラムに親しむために Scratch を試してみました。誰でも簡単にプログラムを作成して実行できることを実感できたと思います。

Python などのプログラミング言語でコードを記述する場合にも、本質的な考え方は Scratch と同様です。すなわち、**記述したい命令をブロックにし、その命令ブロックを組み合わせることでプログラムを実行します**。例えば、PC で文字を書くときには、次のような命令を順次実行しますが、①〜⑧で表される各命令ブロックを作成して組み合わせて実行するのが一連のプログラミングの流れです（図8）。

①キーボードからの入力を受け付ける
②入力された文字列を表示する
③変換キーが押されたら"かな漢字"変換を実行する
④再度変換キーが押されたら変換候補リストを表示する
⑤候補リストの中から適切な漢字の選択操作を受け付ける
⑥選択された漢字を表示する
⑦決定操作や文字入力が行われたら候補リストを閉じる
⑧文字列を確定する

これらの命令ブロックの組み合わせを誤ると、プログラムがうまく動かないことになります。例えば、⑦の操作を忘れると、漢字の決定操作が行われているにもかかわらず、漢字の変換候補リストがずっと表示され続けることになり、システムとしては不十分なつくりになってしまいます。プログラミングを行うときには、このように**論理的にブロックを構築する**考え方が求められるのです。

①キーボードからの入力を受け付ける

②入力された文字列を表示する

③変換キーが押されたら"かな漢字"変換を
　実行する

④再度変換キーが押されたら変換候補リスト
　を表示する

⑤候補リストの中から適切な漢字の選択操作
　を受け付ける

⑥選択された漢字を表示する

⑦決定操作や文字入力が行われたら候補リス
　トを閉じる

⑧文字列を確定する

図8　文字入力の命令の流れ

 ## 条件分岐や繰り返し処理を考える

　命令の流れを考えるにあたって、押さえておくべき考え方の代表的なもの
に、**条件分岐**と**繰り返し**があります。

　条件分岐は、「**もし○○なら○○する**」という考え方です。先ほどの文字列
変換の命令の流れの中でも、いくつか「もし○○なら○○する」という条件分
岐がありました。例えば、③では、「変換キーが押されたら」という条件が記
載されています。また、④では、「再度変換キーが押されたら」という条件が
記載されています。

　このように何らかの条件をもとに命令を実行するのが条件分岐という考え方です。条件分岐は、「もし○○なら」という条件に、Yes/Noどちらを選ぶかで実行する命令が変わる場合に用います。「変換キーが押されたら"かな漢字"変換を実行する」という命令では、「変換キーが押される」という条件がYesの場合には、"かな漢字"変換が実行されますが、Noの場合には、"かな漢字"変換は実行せず、別の命令を実行することになります。

　ここでは、明示的に、Noの場合の命令を書いていませんが、通常は、①と②の命令を繰り返し実行し、ユーザーのタイミングで文字列の決定操作が行われ、⑧の文字列の確定が行われることになります。プログラムの場合にはこのような曖昧さは認められず、条件分岐に対しては、Yesの場合とNoの場合の命令を明示することで、命令実行時のエラーをなくす必要があり、ここでも論理性が求められているといえます。

　繰り返しは、**同じ処理を実行する場合に用いる**考え方です。先ほどの例では、繰り返しの処理は明示的には出てきていません。しかし、改めて①〜⑧の手順を確認すると、①と②と⑧は繰り返し実行される処理に該当します。文章を書き進める場合には、"かな漢字"変換の処理の有無にかかわらず、キーボードの入力を受け付け、文字列を表示し、文字列を確定する操作を繰り返し行う必要があります。ひらがなだけの文章や英語だけの文章の場合には、変換操作を行う必要はなく、文字列の入力と決定操作が繰り返し実行されることになります。

　このように命令の流れは、順繰りに実行されるものに加え、条件分岐と繰り返し処理の組み合わせを基本として成り立っており、プログラムを設計する際には、**これらの処理の流れを正確に把握し、論理的にプログラムを設計および構築する**必要があります。

◉ フローチャートで設計図を書く

　これまで、プログラムを設計する際には、論理的に抜け漏れなく命令の流れを記述する必要があることを説明してきました。頭の中だけでこのようなプログラム処理の流れを追うことは、現実的に難しい場合も多いです。

　その際に用いるのが、プログラムの処理の流れを可視化した**フローチャー**

トと呼ばれる設計図です。フローチャートは、プログラムを書くときだけでなく、仕事で意思決定をする際や業務マニュアルにも使われるため、多くのビジネスパーソンにとってなじみ深いものではないでしょうか。

　フローチャートを記載する際には、使う記号にいくつかのルールがあります。例えば、命令のはじめと終わり（端子と呼ばれます）は楕円形で表示して、「開始」と「終了」を明示的に記載します。また、命令の具体的な中身（処理と呼ばれます）は四角形で表し、四角形同士は矢印でつなぐことで、処理の流れがわかるようにする必要があります。さらに、Yes/Noで処理を変える必要がある条件分岐には、ひし形で条件を表示し、Yesの場合の命令とNoの場合の命令のそれぞれに対して矢印で処理の流れを表します。また、繰り返し処理は、処理の内容を台形のような形の六角形で挟むことで、繰り返しをわかりやすく表示します。

　文字だけではわかりづらいですが、先ほどまで扱っていた文字変換のフローチャートは次ページの図9のようになります。各記号を矢印でつなぎ合わせ、わかりやすく記述できました。

　このようにフローチャートを描いている中で、論理的に正しくない処理が明らかになったり、条件分岐などで記述が不足している内容が明らかになったりすることもあり、プログラムを設計する上では、重要なツールのひとつとなっています。

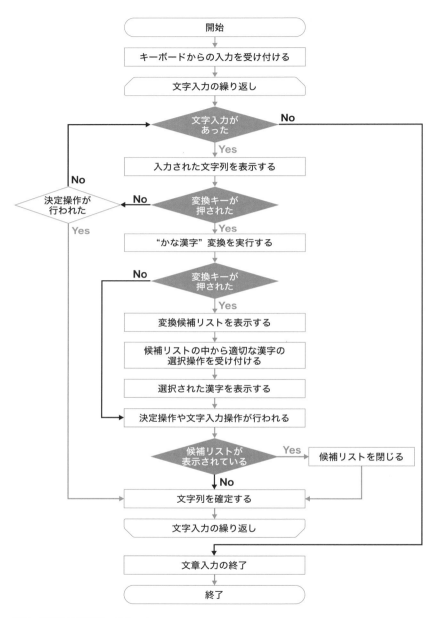

図9　文字入力のフローチャート

1-2　やってみよう！

オブジェクト指向プログラミングの考え方を学ぼう

1

　ここまで、プログラミングの基本的な考え方を学んできました。プログラミングは、命令の基本的な流れを考え、条件分岐や繰り返し処理をうまく使いながら、フローチャートで設計図を書くことによって、論理的にシステムの動作を記述できることがわかりました。

　ここからは、オブジェクト指向プログラミングというPythonに欠かせない考え方を学んでいきます。オブジェクト指向プログラミングは、多くの言語でサポートされている効率的で強力な考え方ですが、クラスやポリモーフィズム、継承といった特徴的な概念を扱う必要があるため、使いこなすには少し慣れが必要です。

　ここでは、前節の復習から始め、フローチャートによる論理的なプログラミングという考え方を定着させましょう。

Step1　1から10まで足し算してみよう

　「1から10まで足す」という命令を実行するためにも、細かく処理の単位に分ける必要があります。1から10まで足すには様々な方法がありますが、どのような方法で行いますか。細かく処理を書き出してみましょう。

-
-
-
-

解答例　①1と2を足す、②①の答えと3を足す、③②の答えと4を足す　（10を足すまで繰り返す）など

　細かな処理の流れを記載したものをフローチャートと呼び、ロジックを明確にでき、プログラムの品質を向上させたり、処理のスピードを上げたり、様々な場面で役に立つものでした。

　実際に、1から10までの足し算をフローチャートで表現してみましょう。フローチャートのa〜fに選択肢①〜⑥の何を入れればよいでしょうか。

①total_sumにcurrent_numberを足す
②current_numberに1を足す
③合計をtotal_sumとして、足すべき数をcurrent_numberとする
④total_sumとcurrent_numberに0を設定する
⑤total_sumを答えとして出力する
⑥current_numberが10を超えているか判断する

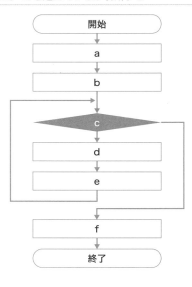

解答　a：③、b：④、c：⑥、d：①、e：②、f：⑤

Step3 1から10の偶数の足し算をフローチャートで
表現してみよう

　先ほどは1から10の足し算を1から順に足す方法で計算しました。それでは、1
から10の偶数の足し算をフローチャートで表現したらどのようになるでしょうか。
実際に書いてみましょう。

解答例 簡単に実現できる方法としては、Step2と同様のフローで、current_numberに2を足す方
法があります。他にも、1から5までをカウントする変数iを登場させ、iの2倍をcurrent_
numberとして、total_sumに順番に足していく方法もあります。

Step4 コーディングするため、Google Colaboratoryを
準備しよう

　それでは、フローチャートを作成できたので、実際にコーディングしていきましょ
う。まずはコーディングの練習のための環境を準備します。手軽に試せる"Google
Colaboratory"を使います。まずは、その画面の準備から始めます。

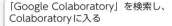

「Google Colaboratory」を検索し、Colaboratoryに入る

URL: https://colab.research.google.com/notebooks/welcome.ipynb?hl=ja

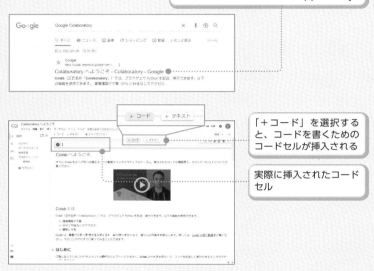

「＋コード」を選択すると、コードを書くためのコードセルが挿入される

実際に挿入されたコードセル

Step5 1から10の偶数の足し算をコードで表現してみよう

Step3で1から10の偶数の足し算をフローチャートで表現しました。ここでは、偶数の足し算を実際にコードで表現してみましょう。

ここでは、次のフローチャートを用います。

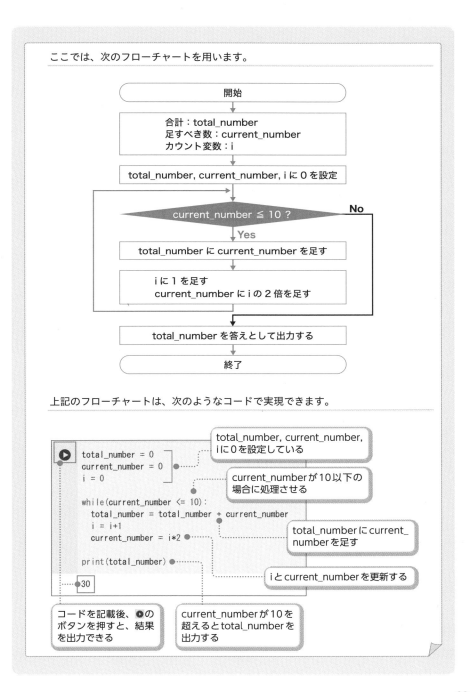

上記のフローチャートは、次のようなコードで実現できます。

```
total_number = 0
current_number = 0
i = 0

while(current_number <= 10):
    total_number = total_number + current_number
    i = i+1
    current_number = i*2

print(total_number)
```

30

フローチャート内の説明ラベル:

- 開始
- 合計：total_number
  足すべき数：current_number
  カウント変数：i
- total_number, current_number, i に 0 を設定
- current_number ≦ 10 ？ — No
- Yes
- total_number に current_number を足す
- i に 1 を足す
  current_number に i の 2 倍を足す
- total_number を答えとして出力する
- 終了

コード内の吹き出し:

- total_number, current_number, iに0を設定している
- current_numberが10以下の場合に処理させる
- total_numberにcurrent_numberを足す
- iとcurrent_numberを更新する
- コードを記載後、◉のボタンを押すと、結果を出力できる
- current_numberが10を超えるとtotal_numberを出力する

オブジェクト指向プログラミングとは何だろうか？

◎ 「型」の概念を理解する

　ここまではプログラムの中身の話はせず、プログラミングの考え方について説明してきました。ここからはプログラムの中身について、説明していきます。

　まずは、押さえておくべき「型」と「変数」と「関数」について説明します。

　「**型**」とは、それがどういうデータの種類やカテゴリーを表しているかという概念です。例えば、「1」について考えてみましょう。通常、「1 + 1は何になりますか？」と問われたときには、私たちは「1」を数字と捉え、「2」と回答することになります。しかし、コンピュータには、「1」が数字としての「1」を表すのか、文字としての「1」を表すのかがわかりません。コンピュータにとっては、「1 + 1」という質問に対する回答は、「2」という数値である場合と、「1 1」という文字列である場合の2通りの回答があり得ます。

　そこで、型という概念をもとに、**「1」のデータの種類を教えてあげる**必要があります。数値の場合には、例えば「Integer」という整数型、文字列の場合には、例えば「String」という文字列型のように定義を与えてあげるのです。すなわち、「1 + 1」は「1（Integer型）＋ 1（Integer型）」と定義することで、「2（Integer型）」の回答を出力できるようになります。

　後述しますが、Pythonの言語は型の指定を自動的に行える、動的型付けという特徴があり、明示的に型を指定せずとも、コンピュータが自動的に「1」が数字なのか文字なのかを解釈してプログラムを実行しています。プログラミングするときに、型を意識して記述する必要がないのは便利ですが、「型」という考え方自体がなくなるわけではないため、「型」というものがあることは押さえておいたほうが、予期せぬエラーを回避できるでしょう（図10）。

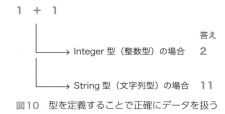

図10　型を定義することで正確にデータを扱う

◉ 「変数」と「関数」を使って プログラムを動作させる

　「型」はプログラミングでデータを扱う際の重要なお作法のようなものです。「型」を踏まえ、「変数」と「関数」を活用することで、プログラムを動作させることが可能になります。

　「**変数**」とは、データを格納するために必要となる名前付きのメモリーを表します。例えばPythonでは、次のように変数を用います。

　① a = 1
　② print(a)

　①では、「a」という変数に数値の「1」を入力しています（aは自動的にInteger型と型付けされています）。そして、②では、変数の「a」を入力としてprint関数を実行することで「1」を出力します。このように、変数を用いることで値を保持し、使い回すことが可能になります。

　「**関数**」とは、何らかの処理を実行するための命令の1つのブロックのことを指します。Scratchのブロック1つ1つが「関数」と考えるとわかりやすいでしょう。例えば、Pythonでは、次のように関数を記述します。

```
def function_name(parameters)
```

　defという文字列で、「これ以降に関数を定義します」という宣言を行っており、その後のfunction_nameがこの関数の関数名を表しています。定義した関数の命令は次行以降に記述します。

　関数名はわかりやすければ何でもよく、先ほど登場したprintも関数名の
ひとつです。また、関数名の後のカッコ書きで記述されているのが、その関
数に入力するパラメータです。print(a)では、print関数に対して、aという
パラメータを入力し、a＝1という数字をprint関数に渡すことに成功してい
ます。

　このような考え方で関数と変数を使って、親子の年齢差を計算するプログ
ラムを書いたのが図11です。sub_ageという関数名に親と子の年齢を入力
し、次行以降に年齢差を計算する命令文を記述しています。図11では、
sub_ageという関数に親と子の年齢を入力して関数を実行した結果はdad_
child_diff変数に入力され、print(dad_child_diff)を実行することで結果の
22を確認できます。

　また、「変数」には、「**ローカル変数**」と「**グローバル変数**」という考え方があ
ります。ローカル変数は、関数の中で活用され、関数の中でしかアクセスで
きない変数、グローバル変数は、関数の外で活用できる変数を指します。図
11では、関数「sub_age」の中で活用されている「age_diff」がローカル変数
に該当し、「dad」「child」「dad_child_diff」はグローバル変数に該当します。
**グローバル変数とローカル変数をうまく使い分けることで、変数の値が予期
せず変わらないように配慮すること**もプログラミングの際に重要となる考え
方のひとつです。

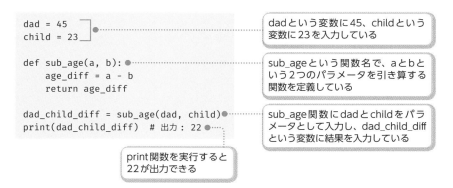

```
dad = 45
child = 23

def sub_age(a, b):
    age_diff = a - b
    return age_diff

dad_child_diff = sub_age(dad, child)
print(dad_child_diff)  # 出力：22
```

dadという変数に45、childという
変数に23を入力している

sub_ageという関数名で、aとbと
いう2つのパラメータを引き算する
関数を定義している

sub_age関数にdadとchildをパラ
メータとして入力し、dad_child_diff
という変数に結果を入力している

print関数を実行すると
22が出力できる

図11　親子の年齢差を計算するコード

◎ オブジェクト指向プログラミングを理解する

　ここまでプログラムの基本的な考え方である命令の流れや条件分岐、繰り返し、さらに、型、変数、関数について学んできました。これらの基本的な考え方を理解できれば、最低限の計算処理や簡単なプログラムは書けるようになります。

　Pythonという言語をより深く理解し、使いこなすためには、さらに重要な考え方があります。それが、**オブジェクト指向プログラミング**という考え方です。オブジェクトは日本語でいうと"物"や"物体"を指す言葉ですが、"物"を組み立てるようにプログラムを構築してコンピュータを動作させようという考え方です。

　例えば、オブジェクト指向プログラミングで"犬"という動物を表すオブジェクトをつくると考えましょう。"犬"という概念には、「散歩する」「走る」「吠える」「しっぽを振る」などの共通して存在する特徴があり、それらによって動作を定義できます。一方、現実世界には、"犬"という概念的なものは存在せず、それぞれの犬は、飼い主から名付けられた"ポチ"、"シロ"、"タロー"といった固有の名前をもつ実体です。

　オブジェクト指向プログラミングという考え方がなく、関数と変数しかない場合には、ポチやシロやタローがそれぞれ動作する場合に、「ポチは散歩しています」「タローは走っています」「シロは吠えています」「シロが吠えるとタローも吠えます」という、それぞれの実体に合わせて何度も変数と関数を使い回す必要が出てきます。このような使い回しは非常に手間ですし、混乱を招きます。

　そこで、オブジェクト指向プログラミングでは、"犬"という概念的なオブジェクトを定義した上で、個別の"ポチ"、"シロ"、"タロー"を扱おうという考え方をします。オブジェクト指向プログラミングでは、"犬"を**クラス**と呼び、"ポチ"、"シロ"、"タロー"を**インスタンス**と呼んで、インスタンスを実体として取り扱い、クラスによって概念を定義する方法をとります（図12）。

　このように、オブジェクト指向プログラミングは抽象的なものを扱ってい

るため、理解するのに非常に骨が折れますが、使いこなせるようになると効
率的にプログラムを記述できるため、Pythonだけでなく、C#やJavaなど、
その他のプログラミング言語でも取り入れられています。

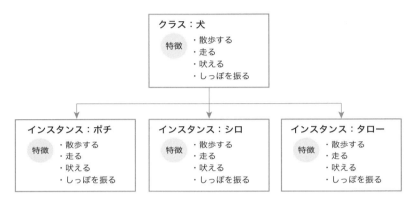

図12　クラスとインスタンス

1-2-2 学ぼう!

オブジェクト指向プログラミングの特徴であるクラスを学ぼう

◎ クラスのプログラムのつくり方

前項で、オブジェクト指向プログラミングの基本的な考え方を説明しました。犬というクラスに、"ポチ"や"シロ"、"タロー"といった実体を生成できました。この「クラス」という考え方が、オブジェクト指向プログラミングの大きな特徴のひとつです。

クラスは、「属性」と「メソッド」という2つの部分から構成されています。**属性**とは、クラスがもつデータを指します。例えば、犬クラスを用いて実体となるインスタンスを生成する際には、犬の名前や犬種といったデータを付与することで、どのような実体なのかを定義する必要があります。このようなデータのことを「属性」と呼んでいます。**メソッド**とは、クラスの中に定義された関数のことです。例えば、犬というクラスの中に「散歩する」「走る」「吠える」といったメソッドを定義することで、"ポチが散歩する"といった動作を指定できるようになります。

クラスのつくり方の例を図13に示します。ここでは、Dogという名前のクラスを作成しており、2行目以降のインデントが下がっている部分全体がクラスの中身を表しています。このクラスでは、「def __init__(self,name,breed)」の部分が属性を表現しており、属性があることで、Dogインスタンスを生成したときに名前と犬種を付与できます。また、「def bark(self)」「def walk(self)」「def breed_name(self)」とは、それぞれこのクラスの中で定義されている関数で、これがメソッドになります。それぞれ、属性の情報をもとに「(犬の名前)は吠えている」「(犬の名前)は散歩している」「(犬の名前)は(犬種)です」という結果を返すようなメソッドです。このように、クラスは「属性」と「メソッド」によって構成されていることがわかります。

図13　クラスのつくり方

インスタンス変数の意義

　変数にはローカル変数とグローバル変数があることを説明しました。ここでは、新たに「インスタンス変数」という変数の種類を取り上げます。

　インスタンス変数とは、その名の通り、インスタンスがもつ変数のことを指します。図13で示したコードでは、"self.name"や"self.breed"がインスタンス変数に該当します。例えば、ポチという名前の犬のインスタンスを生成したとしましょう。ポチという名前は、そのインスタンスを特徴付ける重要な要素のひとつとなるため、インスタンスが生成されれば、ずっと使い続ける必要があります。このときに、インスタンスに保持しておける変数がインスタンス変数です。

　このインスタンス変数ですが、犬が1匹しか登場せず、簡単なコードだった場合には、そこまでありがたみはわかりません。例えば、グローバル変数dog_nameを用意し、dog_name="ポチ"などとしてprint関数を使えば、「ポ

チは吠えている」「ポチは散歩している」という文章は出力できるからです。

　しかし、"シロ"が登場した場合には、話が変わってきます。例えば、「ポチが散歩する」「シロが散歩する」「ポチが吠える」という文章を連続して出力したい場合を考えてみましょう。もし、インスタンス変数が使えず、グローバル変数しか使えない場合には、グローバル変数の"dog_name"をポチ→シロ→ポチという順番に、出力したい文章に合わせていちいち書き換える必要が出てきます。そうするうちに、グローバル変数の値が何であるかわからなくなってしまったり、意図しないところでグローバル変数が書き換わったりすることで、想定外のミスにつながりかねません。そこで、インスタンスの中だけで使い回せる変数を用いることで、**意図しないミスを防ぐ効果を得る**のです（図14）。

インスタンス変数によって、ポチとシロとタローに関する文章を別々に扱える

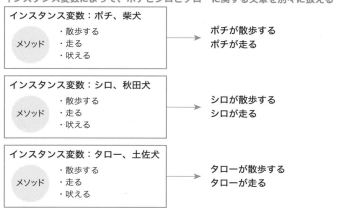

グローバル変数しか使えないと、ポチとシロとタローを使い分けて独立に扱うことは難しい

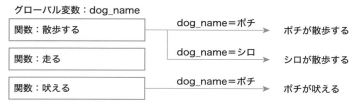

図14　インスタンス変数を利用してミスを防ぐ

◉ クラスの使い方

　ここからはクラスの使い方について説明します。クラスはインスタンスを生成するときに使うものでした。そして、クラスは、属性とメソッドの2つの部分から構成されるものでした。すなわち、属性とメソッドをどのように扱えばよいかがわかると、クラスの使い方がわかることになります。

　まずは属性ですが、属性はインスタンス変数と読み替えることもできます。通常はインスタンスを生成したときに、インスタンス変数に値を入力することで、インスタンスの中で使えるようにします。

　先ほどのDogクラスの場合には、「__init__」で記述されている部分が、インスタンス変数への値の入力を表すコードです。「__init__」はインスタンスの生成時に実行されるコードで、丸カッコ内の"name"と"breed"をインスタンス生成時に変数として受け渡してあげる必要があります。

　次のような書き方で、「dog_no1」のインスタンスを生成する際に、値を受け渡します。ここでは、インスタンス変数に"ポチ"と"柴犬"という値を受け渡しています。

```
dog_no1 = Dog("ポチ", "柴犬")
```

　続いてメソッドです。メソッドは、インスタンスに紐づいて使える関数のことを指しました。「dog_no1」のインスタンスに対して、その中にあるメソッドは、インスタンス名とメソッド名の間をピリオドでつなぐことで、実行できるようになります。

　次のような書き方でメソッドにアクセスします。

```
dog_no1.bark()
```

　これを実行すると、「ポチは吠えている」という出力を得られます。

　このように、**クラスを用いることでインスタンスを生成し、属性とメソッドを活用することで、効率よくコードを記述できるようになります**（図15）。

```
class Dog:
    def __init__(self, name, breed):
        self.name = name
        self.breed = breed

    def bark(self):
        print(self.name + " は吠えている ")

    def walk(self):
        print(self.name + " は散歩している ")

    def breed_name(self):
        print(self.name + " は " + self.breed + " です " )

dog_no1 = Dog(" ポチ ", " 柴犬 ")
dog_no2 = Dog(" シロ ", " 秋田犬 ")
dog_no1.breed_name()
dog_no2.breed_name()
```

インスタンス生成時に実行され、インスタンス変数に値を受け渡すためのコード

dog_no1というインスタンスを生成し、その際に"ポチ"と"柴犬"という値を受け渡す

dog_no2というインスタンスを生成し、その際に"シロ"と"秋田犬"という値を受け渡す

bree_name()というメソッドを呼び出しているが、「dog_no1」のインスタンスのメソッドの場合には、「ポチは柴犬です」を出力し、「dog_no2」のインスタンスのメソッドの場合には、「シロは秋田犬です」を出力する

図15　「Dog」というクラスを活用する例

オブジェクト指向プログラミングの特徴であるポリモーフィズムを学ぼう

◎ ポリモーフィズムの概要

ここまで、オブジェクト指向プログラミングの代表的な特徴であるクラスについて説明してきました。続いてポリモーフィズムについて説明します。

ポリモーフィズムとは、日本語では多態性と呼ばれるものです。ポリ=
"poly"とは"複数"という意味を表す言葉、モーフィズム="morphism"とは数学用語で圏論の"射"や写像という意味を表す言葉です。日本語からはイメージがつかみづらいですが、1つの共通するものから、複数の類似する性質をもつものを複製するようなものと考えればよいでしょう。

例えば、先ほどまでDogというクラスを扱っており、Dogのクラスの中で、「吠える」や「走る」といったメソッドを定義していました。ここで、Dogと同じように猫(Cat)や豚(Pig)というクラスも扱いたいと考えたとします。それぞれ、Catの中で「鳴く」、Pigの中で「鼻を鳴らす」というメソッドを定義することもできますが、「犬が吠える」のも「猫が鳴く」のも「豚が鼻を鳴らす」のも「発音する」という同じ概念を表すもののため、1つの共通のメソッドで扱いたいと思うわけです。

そこで登場するのがポリモーフィズムという考え方です。Dog、Cat、Pigというそれぞれのクラスの中に、共通の「発音する」というメソッドを用意し、メソッドの中で、犬の場合には"わんわん"という発音方法を定義し、猫の場合には"にゃーにゃー"、豚の場合には"ぶーぶー"という発音方法を定義します。こうすることで、外部からアクセスしたときには、**あたかも共通のメソッドにアクセスしているように見えるにもかかわらず、別々の結果を得られる**ようになります。

このように、別々のクラスにある類似の概念を、共通のメソッドで記述す

るようなやり方をポリモーフィズムと呼び、プログラムの柔軟性や再利用性の向上、予期せぬエラーの防止を実現しています（図16）。

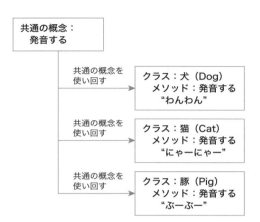

図16　ポリモーフィズムの考え方

◎ ポリモーフィズムのつくり方と使い方

　ポリモーフィズムは、シンプルなつくりで実現できます。ポリモーフィズムで記述したい複数のクラス（例えばDogとCatとPig）を用意し、その中に、共通するメソッド名（例えばspeak）を用意し、共通する処理をメソッドに記載（例えば、鳴き声を戻り値とする）することで、ポリモーフィズムを記述できます。

　ポリモーフィズムで記述されたメソッドは、**インスタンスを引数**として受け渡して使います。

　例えば、次のような関数を定義して利用します。

```
def animal_speak(animal):
  return animal.speak()
```

　ここでは、animal_speakという関数名で表される関数に対し、引数にインスタンス（animal）を受け渡し、animal.speak()でインスタンスに定義さ

れるメソッドの中の命令を戻り値として返す処理を記述しています。

　上記の流れをコードで表現したものが図17です。animal_speak関数に対し、インスタンスを引数として受け渡すことで、speakのメソッドを効率よく使えていることがわかります。

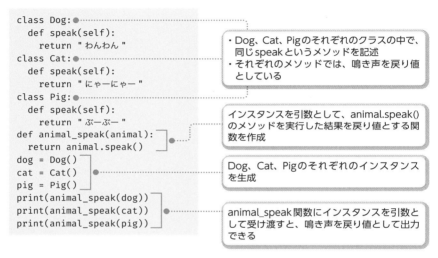

図17　ポリモーフィズムの使い方の例

オブジェクト指向プログラミングの特徴である継承を学ぼう

◎ 継承の概要

　クラスとポリモーフィズムに加え、オブジェクト指向プログラミングの大きな特徴のひとつに継承があります。**継承**とは、ポリモーフィズムとも深い関係がある考え方です。

　ポリモーフィズムでは、DogとCatとPigを別々のクラスとして用意しました。しかし、これらの3種類の動物は別々に扱うにはあまりにも共通点が多いです。前項の例で挙げたように鳴き声は違いますが、動物であることや4本足で歩くことなど共通項が多いため、それぞれを別々に記述するより、共通部分を同じクラスとして記述して、異なる部分だけを個別に記述したほうがよいと考えるのが自然ではないでしょうか。

　そこで登場するのが、継承という考え方です。継承では、親クラスで共通部分を記述し、子クラスに別々の要素を個別に記述する考え方を導入します。例えば、DogとCatとPigというクラスに対しては、親クラスとしてAnimalクラスを用意し、その中で3つに共通するメソッドを記述し、子クラスでそれぞれの鳴き声を記述します。

　このように継承という概念を導入することで、**効率的なコードの記述ができ、可読性が高まってエラーを防止できるメリットを享受できます**。さらに、子クラスで新たな条件などを付与できるため、**柔軟性の高い状態も維持できる**ようになります（図18）。

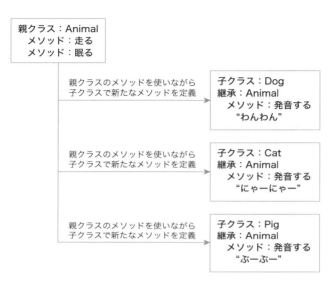

図18　継承の考え方

継承のつくり方と使い方

　親クラスの継承の作り方は、これまで扱ってきたクラスのつくり方と同様です。属性には、インスタンス生成時にインスタンス変数を受け渡せるように、メソッドには、子クラスに継承したい共通のメソッドを用意します。

　子クラスは、**継承している親クラスを明示する**必要があります。Pythonでは、クラス名の後にカッコで親クラス名を記載します。子クラスがCatで親クラスがAnimalの場合には、class Cat(Animal)のようになります。そして、必要に応じて子クラスへのメソッドの追加やインスタンス変数の追加を行います。親クラスのメソッドを子クラスから呼び出す場合には、**super()関数**を利用することで呼び出すことができます。

　親クラス、子クラスは、通常のクラスの利用時と同じように利用でき、インスタンスの生成後にクラス内のメソッドを呼び出す場合には、インスタンス名とメソッド名をピリオドでつなぐことで呼び出すことができます。

　上記の流れをコードで表現したものが図19です。継承の概念をうまく使

い、親クラスに共通部分を記述し、子クラスで柔軟に個別のメソッドやインスタンス変数を追加することで、効率的にコードを記述できるようになっています。

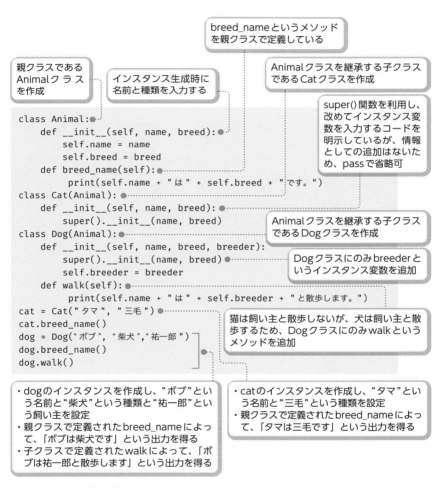

図19 継承の使い方の例

第1章のまとめ

- プログラミングは義務教育で必修化されたことで、今後社会人としての必須スキルのひとつになると考えられる
- Scratchでは、プログラミングの考え方を簡単に学べ、命令の流れをブロックで組み合わせて表現できる
- フローチャートと呼ばれるプログラミングの設計図は、条件分岐と繰り返し処理などを用いた命令のブロックの組み合わせで書かれる
- プログラミングでデータを扱う際には、「型」という概念を理解して用いる必要がある
- プログラムは、命令が記述される「関数」と、関数に入力する「変数」を設計図に基づいて記述したものの集合である
- "物"を組み立てるようにプログラムを構築するというオブジェクト指向プログラミングという考え方がある
- オブジェクト指向プログラミングには、「クラス」「ポリモーフィズム」「継承」という3つの特徴があり、これらによってプログラムの柔軟性や再利用性、効率性などを高められる
- 「属性」と「メソッド」によってクラスの概念が定義され、個々の実体に対して「インスタンス」が生成される

✅ 練習問題

Q1 フローチャートで条件分岐を表す際の記号には何を使いますか?

　(A) 長方形
　(B) 楕円形
　(C) ひし形
　(D) 六角形

Q2 Integer型の1とInteger型の1を足す計算「1+1」の結果は何になりますか?

　(A) 2
　(B) 11
　(C) 計算ができずエラーになる
　(D) 1

Q3 インスタンスの中で使い回すことのできる変数を何と呼びますか?

　(A) インスタンス変数
　(B) グローバル変数
　(C) ローカル変数
　(D) クラス変数

Q4 オブジェクト指向プログラミングの特徴は「クラス」と「継承」と何でしょうか?

　(A) インスタンス
　(B) ポリモーフィズム
　(C) メソッド
　(D) 属性

解答　A1. C
　　A2. A
　　A3. A
　　A4. B

02

プログラミング言語Pythonの特徴を学ぼう

〜 Pythonもプログラミング言語のひとつ〜

プログラミング言語には、Web開発が得意な言語やネイティブアプリの開発が得意な言語など、それぞれに特徴や強みがあります。

本章では、プログラミング言語の歴史を紐解きながら、各プログラミング言語の特徴について解説するとともに、Pythonに含まれる豊富なライブラリについても紹介します。

Pythonの成り立ちを学ぼう

第1章では、プログラミングの基本的な考え方とPythonでも使われているオブジェクト指向プログラミングについて学びました。

第1章でも触れたように、私たちの周りにはたくさんのデジタル技術が活用されています。スマートフォンやPC、家電製品などには多くのプログラムが組み込まれており、私たちの生活はプログラムによって支えられています。プログラミング言語は、それぞれのプログラムを書くための手段となるものです。

第1章ではPythonを用いたコーディングを行いましたが、システムごとに、最適な言語は異なります。まずは世の中にどのようなプログラミング言語があり、どのように活用されているのかを見てみましょう。

Step1 ▶ 知っているプログラミング言語を列挙してみよう

世の中にはたくさんのプログラミング言語があります。Python以外にも知っている言語はいくつかあるのではないでしょうか。皆さんが知っているプログラミング言語を書き出してみましょう。

-
-
-
-
-
-
-

解答例 Java、C、C++、C#、PHP、Ruby　など

Step2　身近なスマホアプリの開発に使われている言語を調べてみよう

　スマートフォンの代表的なものとして、AndroidとiPhoneがあります。それぞれについて、アプリを開発するためによく用いられている言語について調べてみましょう。

- ・Android：
- ・iPhone：
- ・
- ・
- ・
- ・

解答例 Android：Kotlin、Java　など　iPhone：Swift、Objective-C　など

Step3　スマホアプリに使われている言語がどのような使われ方をしているか調べてみよう

　スマホアプリの開発にも多様なプログラミング言語が使われていることがわかります。Step2で挙げたプログラミング言語がどのような使われ方をしているのか調べてみましょう。

- ・
- ・
- ・
- ・
- ・
- ・

解答例 Java：WebアプリやAndroidアプリの開発など、C：組み込みソフトの開発など、C++；組み込みソフト、ゲーム開発など、C#：デスクトップアプリ開発、ゲーム開発など、PHP：Webアプリ開発など、Ruby：Webアプリ開発など

プログラミング言語の歴史を学ぼう

◎ コンピュータの発展とプログラミング言語

　1-1-1で触れたように、Pythonは昨今、**最も注目を集めているプログラミング言語のひとつ**であることに疑いの余地はありません。このように表現されると、Python言語を学べばすべてのシステム開発が自在にできるようになると思うかもしれません。しかし、実際のところはそうではなく、いざシステム開発をしようと思うと、Python言語には得意なシステムと不得意なシステムがあることがわかってきます。それぞれのシステムの特性などに応じて、たくさんのプログラミング言語が開発されています。Python登場のはるか以前、まずは、プログラミング言語の歴史から紐解いていきます。

　プログラミング言語は、コンピュータに命令するために開発された言語なので、プログラミングの登場は、コンピュータの発展の歴史と極めて密接に関わっています。歯車などの方法で計算する機械式計算機の登場は17世紀頃にさかのぼります。その後、電子計算機の先駆けとして登場したのが、1946年にアメリカのペンシルバニア大学が開発した「**ENIAC**（Electronic Numerical Integrator And Caluculator：エニアック）」でした。ENIACは、コンピュータに接続されているプラグを抜き差しして回路変更することでプログラムができるコンピュータでした。このように物理的な回路変更によってプログラミングするのがプログラミング言語登場の先駆けとなっています。

◎ プログラム内蔵方式のコンピュータが登場

　プログラムの先駆けは、物理的な回路変更によって実現されるものでした。その後に登場したのが、プログラム内蔵方式のコンピュータです。1949年にアメリカのケンブリッジ大学が開発した「**EDSAC**」（Electoronic Delay Storage Automatic Calculator：エドサック）というコンピュータが、はじ

めてのプログラム内蔵方式のコンピュータでした。プログラム内蔵方式のコンピュータによって、私たちが現在当たり前のように行っている「**コーディング**」という作業を行えるようになったのです。

　第1章でもPython言語のコーディングの例はいくつか紹介してきました。defという宣言によって関数を定義し、変数を用いて命令文を記述する流れは、私たちにも理解しやすいものでした。

　しかし、登場間もない頃のプログラミング言語は、今のプログラミング言語とはおおよそ異なる様相を呈したものでした。それが、機械語やアセンブリ言語に代表されるような低水準言語や低級言語と呼ばれる言語です。**機械語**とは、16進数の数字で表されるコードで、読んだり記述したりするのはなかなかに骨の折れる作業でした。機械語の登場からしばらくして、**アセンブリ言語**が登場しました。私たちが理解できる水準まで機械語を翻訳したような記述方法になっていますが、基本的には機械語と1対1の対応関係になっており、Python言語などと比べると、取り扱いづらい言語でした（図1）。

```
b8 21 0a 00 00 ; mov eax, 0xa0a21
ba 0e 00 00 00 ; mov edx, 0xe
bf 01 00 00 00 ; mov edi, 0x1
48 be 6c 6c 6f 2c 20 ; movabs rsi, 0x206c6c6f2c
68 48 65 6c 6c ; push 0x6c6c6548
be 0e 00 00 00 ; mov esi, 0xe
48 89 e6 ; mov rsi, rsp
0f 05 ; syscall
```

図1　機械語の例（※プラットフォームによって記述方法は様々）

ほどなくして高水準言語が登場

　これらの低水準言語の登場以降、次々に言語の改良が重ねられました。その後、1950年代には、高水準言語または高級言語と呼ばれるプログラミング言語が登場します。「**FORTRAN**（フォートラン）」という1957年にIBMが開発したプログラミング言語が、世界初の実用的な高水準言語として知られています。登場からすでに80年近くが経過していますが、今でもまだ現役で利

用されている言語です。

　1960年代に入ると事務員らにも使いやすい言語として「**COBOL**（Common Business Oriented Language： コ ボ ル ）」 が 開 発 さ れ、「**LISP**（List Processor：リスプ）」、「**BASIC**」などの言語が次々と登場し、その後も数百種類以上の言語が登場しました。

　すでにプログラミング言語の開発は進んでいないと思われるかもしれませんが、今でも次々と新しい言語が生み出されています。このように、プログラミング言語の歴史を紐解いていくと、100年に満たない間に急激に発展してきたことがよくわかります。

　高水準言語の登場によって、私たちに理解しやすいコードを書けるようになりました。しかし、16進数の数値の羅列によって機械を動作させているという本質は変わらず続いているのです（図2）。

年	出来事
17世紀	機械式計算機の登場
〜	〜
〜	〜
1946年	ペンシルバニア大学（米）電子計算機「ENIAC」開発
1949年	ケンブリッジ大学（米）プログラム内蔵方式「EDSAC」開発
1957年	IBM社により初の高水準言語である「FORTAN」開発
1960年代以降	「COBOL」「LISP」「BASIC」などが次々と登場

図2　コンピュータの登場から高水準言語の登場まで

オープンソースの
プログラミング言語として
Pythonが誕生

◎ 高水準言語の登場から30年でPythonが誕生

　ここまで、プログラミング言語の歴史を紐解いてきました。高水準言語の登場が1957年で、以降、様々な言語が数多く登場してきたことがわかります。

　Python言語の歴史もさかのぼってみましょう。Python言語は、バージョン0.9が1991年に登場し、バージョン1.0が公開されたのが1994年です。MacやWindowsの登場がそれぞれ1984年と1985年で、1990年代前半の日本の家庭用コンピュータの普及率が10%程度だったことを踏まえると、比較的初期に登場した言語のひとつであるといえるでしょう。オブジェクト指向をサポートするプログラミング言語であるC++が登場したのが1983年で、今でも絶大な人気を誇るJavaとJavaScript、PHPが登場したのが1995年だったため、それらが誕生する間の時期に登場した言語となります（図3）。

図3　Pythonの登場前後の歴史

　JavaやJavaScriptより以前に登場した言語が、今になって脚光を浴びているのは、Pythonの設計思想によるものも多分にあることでしょう。1-2-2で扱ったように、インデントによってメソッドや関数の固まりを表現していることは、**可読性が高く、誰にでも扱いやすい印象を与える**大きな特徴といえるでしょう。また、コミュニティも非常に活発で、**多くのオープンソースのライブラリなどが利用できること**も大きな特徴です。そのため、最新の人工知能ライブラリも素早く実装できるため、発展の著しい人工知能開発にリアルタイムにキャッチアップしていけることも強みであるといえます。

◉ Pythonはオープンソースの プログラミング言語

　前述の通り、Pythonは、オープンソースのライブラリが豊富に備わっており、コミュニティによって成り立っているプログラミング言語という大きな特徴があります。オープンソースで開発が続けられている言語はPythonの他に、JavaやPHPなどが有名です。

　オープンソースとは、ソースコードがすべて公開されていることを意味します。コミュニティの中にいるエンジニアが何らかのプログラム（例えば、人工知能に関するプログラム）を作成したら、それを無償で誰でも改良や再配布などを行える形で公開します（図4）。

　オープンソースにするメリットは、**信頼性が高いこと**です。誰でも改変ができるというのは、一見するとバグなどが入り込みやすく信頼性が低いように思えますが、多くの人の目に触れることで、信頼性が高いソフトウェア（バグが少なく、脆弱性、セキュリティリスクが低い）になるのです。また、30年以上にわたりPython言語が現役であることからもわかる通り、**安定性が高いこと**や、前述の通り**最先端の技術に対してキャッチアップしやすい**というメリットを享受できます。

　このように、わかりやすく着手しやすい言語であることに加え、オープンソースであることの特徴が、現在でも人気を維持しているゆえんです。

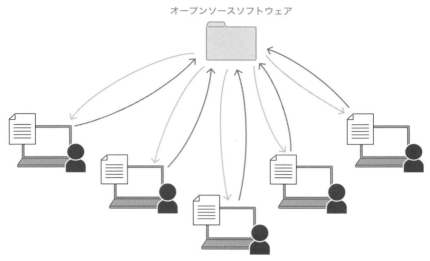

オープンソースソフトウェア

ソースコードが公開され、誰でも編集や利用ができる

図4　オープンソースは多くのエンジニアに支えられている

Pythonと他のプログラミング言語との違いを学ぼう

　プログラミング言語が開発されてから、それに続いて様々な言語が開発されています。コードを書いたときの読みやすさが異なっていたり、テキスト情報を扱うことに特徴があったり、数値データを扱うことに特徴があったり、プログラミング言語の1つ1つがそれぞれの思想で開発されています。

　ここでは、実際にコードを見ながら、それぞれの言語がどのように異なるのか、その特徴を見ていきましょう。有名なFizzBuzz問題を解くコードをもとに、いくつかのサンプルコードを紹介します。FizzBuzz問題は、1から100までの数値を出力しますが、3の倍数のときにはFizz、5の倍数のときにはBuzz、15の倍数のときにはFizzBuzzと出力するようにしたものです。

Step1 FizzBuzz問題の前に "Hello, World" の違いを見てみよう

　今や "Hello, World" は簡単に記述できるものとなりました。しかし、低水準言語と呼ばれ、機械語に近いアセンブリ言語は、Pythonで記述できる "Hello, World" とはかなりその様相が異なります。それぞれの違いを見てみましょう。

　アセンブリ言語は、次のように "Hello, World" を記述できます。詳細な説明は割愛しますが、機械語に近いため、利用するレジスタの指定などを記述して結果を得られます。

```
bits 64
section .text
global _start

_start:
        mov rax, 1
        mov rdi, 1
        mov rsi, msg
        mov rdx, len
        syscall

        mov rax, 60
        mov rdi, 0
        syscall

section .data
        msg    db      'Hello, World', 0x0A
        len    equ     $ - msg
```

　Pythonの場合には、次のように "Hello, World" を記述できます。先ほどのレジスタの指定などの操作は、すべてprintの1語で完結してしまいます。このような違いからもプログラミング言語の歴史を感じられます。

```
print('Hello, World')
```

　実際に、Pythonで "Hello, World" を出力すると次の通りです。

```
▶ print('Hello, World')
  Hello, World
```

アセンブリ言語とPythonなどの高水準言語は大きな違いがあることがわかりました。Pythonもオブジェクト指向のプログラミング言語で、Swift言語やJava言語などと同じようなつくりにはなっていますが、それでも三者三様で記述が異なります。FizzBuzz問題を見て、それぞれの違いについても明らかにしていきましょう。

PythonのFizzBuzz問題は、次のように記述できます。大きな特徴は、インデントによって、1つのブロックを表すことにあります。

```python
def fizzbuzz(i) :
    if i % 3 == 0 and i % 5 == 0:
        return "FizzBuzz"
    elif i % 3 == 0:
        return "Fizz"
    elif i % 5 == 0:
        return "Buzz"
    else:
        return str(i)

for i in range(1,101):
    print(fizzbuzz(i))
```

fizzbuzzの関数ブロック
インデントによって、区切りが
わかるようになっている

for文で1から100まで繰り返す
※range関数では、終了の1つ
前の数値までfor文で繰り返され
るため、101を設定

SwiftのFizzBuzz問題は、次のように記述できます。Pythonとは異なり、{ }で1つのブロックを表しています。また、Int（数値）やString（文字）など変数の型も指定しており、指定以外の型を受け付けないようになっています。

```swift
func fizzbuzz(n:Int) -> String {
    if n % 15 == 0 { return "FizzBuzz" }
    if n %  5 == 0 { return "Buzz" }
    if n %  3 == 0 { return "Fizz" }
    return String(n)
}

for n in 1...100 {
    print(fizzbuzz(n))
}
```

fizzbuzzの関数ブロック
{}によってブロックを表現している
IntやStringなどの型も指定

for文で1から100まで繰り返す

JavaのFizzBuzz問題は、次のように記述できます。クラスとメソッドの階層構造で記述していく必要があります。

```java
public class FizzBuzz {
    public static void fizzbuzz() {
        for (int i = 1; i <= 100; i++) {
            if (i % 3 == 0 && i % 5 == 0) {
                System.out.println("FizzBuzz");
            } else if (i % 3 == 0) {
                System.out.println("Fizz");
            } else if (i % 5 == 0) {
                System.out.println("Buzz");
            } else {
                System.out.println(i);
            }
        }
    }
    public static void main(String[] args) {
        FizzBuzz obj = new FizzBuzz();
        obj.fizzbuzz();
    }
}
```

メソッドを集めたFizzBuzzのクラス

fizzbuzzのメソッド

fizzbuzzのメソッドを実行する

Step3　FizzBuzz問題の汎用性を高めてみよう

　様々な言語でFizzBuzz問題を解く方法を見てきました。言語ごとにしきたりが異なることがよくわかりました。Pythonで解いたFizzBuzz問題の汎用性を高めたいと思うこともあるかもしれません。例えば、1から100まで出力しましたが、1から100ではなく任意の数字を入れられるように関数をパッケージ化することはできるでしょうか。考えてみましょう。

次のようにclassを使って書くことで実現できます。オブジェクト指向プログラミングでは、このように汎用性を高めることで、使い回せるようになります。

```python
class FizzBuzz:

  def fizzbuzz(i):
    if i % 3 == 0 and i % 5  == 0:
      return "FizzBuzz"
    elif i % 3 == 0:
      return "Fizz"
    elif i % 5 ==0:
      return "Buzz"
    else:
      return str(i)

  def execute(self, a, b):
    for i in range(a, b+1):
      print(fizzbuzz(i))


fizzbuzz1 = FizzBuzz()
fizzbuzz1.execute(1, 10)

fizzbuzz2 = FizzBuzz()
fizzbuzz2.execute(20, 30)
```

> FizzBuzz問題を解くためのクラスを定義

> aからbまでfor文で繰り返し出力する関数を定義

> 1から10までFizzBuzz問題を解く

> 20から30までFizzBuzz問題を解く

様々な思想に基づきプログラミング言語は開発されてきた

◎ Python以外の言語も多数開発されている

すでに述べてきた通り、Pythonが1990年代に登場した後もたくさんのプログラミング言語が登場してきました。また、現在までに数百種類のプログラミング言語が開発されているのも前述の通りです。

振り返ってみると、1990年代から世の中も大きく変化してきました。例えば、iPhoneが最初に発売されたのが2007年です。Pythonの登場時には、スマートデバイスが今ほど普及する世界は想像されていなかったでしょう。また、クラウドコンピューティングのような考え方が登場したのもPython登場のずっと後です。

ハードウェアの登場とともに発展してきたプログラミング言語が、その後のハードウェアの進化とともに発展していくのは自然な流れです。例えば、スマートフォンに最適化したプログラミング言語が開発されたり、クラウドコンピューティングに必要なサーバーアプリの開発に特化したプログラミング言語が登場したりというのは至って自然な流れといえるでしょう。

何らかのシステム開発をしたいと思った際に、Pythonが正解であるとは限りません。様々な言語がそれぞれの思想に従って最適な開発が進められています。本節では、Pythonをこれから学び始めようと本書を手にとっていただいた方に、改めてPythonと他の言語との違いをクローズアップして紹介します。

◎ オブジェクト指向をサポートしない プログラミング言語も存在する

　1-2で述べたように、Pythonはオブジェクト指向をサポートするプログラミング言語です。しかし、**すべてのプログラミング言語がオブジェクト指向をサポートするわけではありません**。16進数の数字で表すことができるコードで書かれる機械語や、機械語に近い低級言語であるアセンブリ言語ではオブジェクト指向プログラミングをサポートすることは難しく、それ以降に登場した言語の中にもオブジェクト指向プログラミングをサポートしないものはたくさん存在します。

　例えば、大規模な処理を必要とせず条件分岐や繰り返し処理（1-1-2参照）に基づく一連の命令だけで十分なプログラムの場合には、オブジェクト指向プログラミングで書くとかえって問題を複雑にしてしまいます。ポリモーフィズムや継承という考え方を差しはさむ余地はありません。そのような場合に用いられるプログラミングの考え方を**手続き型プログラミング**と呼んでいます。オブジェクト指向プログラミング登場以前のプログラミング言語は抽象的な概念を扱うことはないため、手続き型プログラミングで記述されていました。例えば、COBOLやC言語などは手続き型プログラミング言語の代表例として知られています。

　手続き型プログラミングの他に、もうひとつ代表的なものに**関数型プログラミング**があります。これは、プログラムで扱う関数を、数学で扱う関数に類似するものとして捉えるようなプログラミング言語です。数学の合成関数（$h = g \circ f$）を生み出すような考え方で、関数を変数として扱って命令を実行させるプログラムです。

　こうすることで、例えば、変数xに対して実行する操作が明確になります。関数型プログラミングでは、変数xを変更したり参照したりすることはせず、変数xに関数の適用を繰り返して命令を実行します。そのため、同じ入力をすれば必ず同じ結果が返ってくるという**参照透明性**という性質を有しています。

　オブジェクト指向プログラミングも、手続き型プログラミングや関数型プログラミングなどの歴史的な背景を踏まえて成り立っているプログラミング

言語なので、これらの3種類が明確に切り分けられるものではありません。Python言語にも、手続き型プログラミングや関数型プログラミングで書けることがあり、実現したい処理に最適なコードの記載方法が用いられています（図5）。

プログラミング言語の種類	利　点	代表言語
手続き型プログラミング	・単純で直感的なコードが書きやすい ・小規模なプロジェクトに適している	C、COBOL
関数型プログラミング	同じ入力に対し同じ結果を返す参照透明性	Haskell、Ocaml
オブジェクト指向 プログラミング	・コードの再利用性や保守性が高い ・大規模なプロジェクトに適している	Python、C#、Java

図5　プログラミング言語の種類

Pythonで関数型プログラミングを書いてみる

Python言語で手続き型プログラミングを書けるのは理解しやすいでしょう。例えば、本節の「やってみよう！」で書いたPythonのFizzBuzz問題は、クラスなどを使わず手続き型プログラミングとして記述しています。しかし、関数型プログラミングといわれても、少しイメージが湧きにくいのではないでしょうか。

Pythonでも関数型プログラミングをサポートするのは先ほど述べた通りです。ここでは、Pythonの関数型プログラミングの例をもとに、関数型プログラミングの理解を深めていきます。

関数型プログラミングは、合成関数の要領で、関数を変数として扱うのが特徴のひとつでした。その特徴が表れるPythonのコードを図6に例示します。

```
def apply_func(func, lst):
    return [func(x) for x in lst]

def square(x):
    return x * x

numbers = [1, 2, 3, 4, 5]
result = apply_func(square, numbers)
print(result)  # [1, 4, 9, 16, 25]
```

リストに対して関数を適用するための apply_func関数を定義	
squareという関数を定義（入力を2乗する）	
numbersというリストとsquareという関数をapply_funcに受け渡す	
2乗した結果が出力される	

図6　Pythonの関数型プログラミングの例

　apply_funcという名前の関数は、引数として関数とリストを指定しています。これにより、関数が関数を受け付けるという考え方がPythonにも存在することがわかります。リスト形式で渡される変数xに2乗するという操作を行っていますが、2乗を実行する関数であるsquareには変数自体を操作するコードは存在しません。このように、**関数が関数を参照することによって、同じ入力をすれば必ず同じ結果が返ってくる**という参照透明性を実現しています。

2-2-2 学ぼう！

変数設定時に型の宣言が必要なプログラミング言語と不要なプログラミング言語

◎ 静的型付けと動的型付けのプログラミング言語がある

1-2-1で型が非常に大事であることを述べました。その際に、Python言語は、動的型付けの言語であることにも触れました。動的型付けは、自動的にコンピュータによって型が指定される言語でした。Pythonの他、RubyやJavaScript、PHP、Perlなど、聞きなじみのある多くのプログラミング言語で採用されています。

動的型付けと対照的に、変数を設定する際に型を指定する必要がある言語があります。それが**静的型付けのプログラミング言語**です。静的型付けの代表的な言語としては、Java言語やC#言語などが知られています。

1-2-1では、次のように変数aを設定しました。

```
① a = 1
② print(a)
```

ここで、aはInteger型が自動的に型付けされると説明しました。

しかし、静的型付けの言語では、このような曖昧な記述方法は許されません。**必ず、変数aの型を指定してあげる必要があります**。C#の場合であれば、次のようなコードになります。

```
① int a = 1;
② Console.WriteLine(a);
```

aの前にintという変数の型を指定するためのコードを記述しました。

このように、型の宣言が必要な言語と不要な言語でプログラミング言語にも特徴が表れます（図7）。

型	内　容	例
整数型	整数を表現するための型	int など
浮動小数点型	浮動小数点数（実数）を表現するための型	float など
文字列型	文字列（テキスト）を表現するための型	string など
配列型	同じ型の要素が並んだ構造を表現する型	int[], string[] など
辞書型	キーと値のペアをもつデータコレクションを表現するための型	Dictionary<K, V> (C#) など

図7　型には多様な種類がある

◎ 静的型付けと動的型付けで何が変わるのか？

コードを書くときには、型を意識せずに書けるほうが便利なように感じます。そのため、静的型付けの言語は、型をいちいち指定する必要があることから一見不便なように思えます。では、静的型付けと動的型付けによって、どのような違いが生み出されるのでしょうか。

例えば、先ほどの例で、aはIntegerという整数型を指定しました。通常、整数型は整数で-2, 147, 483, 648 から2, 147, 483, 647の範囲の数を扱えると定義されています。では、先ほどのaの値を10で割った場合にはどのような出力が表れるでしょうか。

Pythonの場合には、次のようなコードになります。

```
① a = 1
② a = a/10
③ print(a)
```

C#の場合には、次のようなコードになります。

```
① int a = 1;
② a = a/10
③ Console.WriteLine(a);
```

　2行目と3行目はPythonであってもC#であっても書いている内容は変わりません。1行目で型を指定しているかどうかだけの違いです。

　出力される結果がどうなるかというと、Pythonの場合には0.1、C#の場合には0という両者で異なる結果です。C#は静的型付けでInteger型を指定したことで、整数の範囲内しかaに格納できないという制約を設けました。その結果、0.1という小数点以下を格納できず、整数部分の0を出力するようになったのです。一方、Pythonは動的型付けを行うことから、aを整数型ではなく浮動小数点型（float型）として自動的に処理し、小数点以下も扱えるようになりました。

◎ 動的型付けでは入力や出力に 制限を設けたいときに不便が生じる

　以上、静的型付けと動的型付けで結果が異なることがわかりました。

　このような違いは、**関数への入力と出力を制限したいとき**に大きな影響を与えます。例えば、特定の関数を作成したときに、その関数で扱える変数を整数に限定したい場合や、文字列に限定したい場合などがあります。

　ここでは、演算子" + "を扱う場合を考えます。シンプルに、次のようなコードで演算子" + "を用いて足し算を実現できます。

```
① def sum(a,b):
② return a+b
③ c = sum(1,2)
④ print(c)
```

　ここでa、b、cは自動的に整数型として型付けをされ、aとbの和が計算され、3が出力できます。

　一方、上記の例の③を次のように書き換えるとどうなるでしょうか。

① def sum (a,b):
②　 return a+b
③ c = sum ("apple","pen")
④ print(c)

　この場合、a、b、cは文字列型として型付けをされ、aとbの足し算の結果は"applepen"になります。

　上の例では、計算処理としての演算子"＋"だったのに対し、下の例では、文字列の結合という意味での演算子"＋"になってしまいました。動的型付けによって、まったく意図しない計算処理が行われてしまうのです。

　このようなことを防ぐために、**静的型付けによって入力や出力を制限することも重要になってくるのです。** C#を用いて静的型付けで入力や出力の型指定を行ったものは、図8に示した通りです。型によって、入力と出力が制限されていることがわかります。

```
using System;

class Program
{
    static int Sum(int a, int b)
    {
        return a + b;
    }

    static void Main()
    {
        int c = Sum(1, 2);
        Console.WriteLine(c); // 出力：3
    }
}
```

・足し算を表す関数
・1つ目のintが戻り値の型、Sumの後の2つのintが入力の型を指定している

・関数を呼び出し、演算処理を実行
・戻り値がint型なので、cも必ずint型を指定
・1も2もInt型で入力する必要がある

図8　C#で足し算を記述した場合

プログラミング言語ごとに強みがある

◎ プログラミング言語だけでなくシステムの種類も増えている

　今や1人で複数のデバイスをもっていることが当たり前になっています。プログラミング言語が飛躍的に増えてきた背景には、開発するシステム自体が多様化して高度化したことによって、特定のプログラミング言語だけでは対応できないほどになっていることがあります。

　身の回りから考えてみましょう。私たちが使用しているPCには、メジャーなものとしてWindows OSとMac OSという2つのOSが存在します。それぞれのOS上で動くソフトを開発する際には、**それぞれのOSの仕様に合うプログラミング言語を選択する**必要があります。それだけで2つのプログラミング言語が必要なことがわかるでしょう。同様にスマートフォンに目を向けると、こちらもiOSとAndroid OSという2つのOSが存在し、それぞれの開発に適したプログラミング言語を用いる必要があります。さらに、近年では、Apple WatchやFitbitなどの腕時計型デバイスも登場しており、それぞれのシステムを開発するために適したプログラミング言語もあるでしょう（Mac OSもiOSもApple Watchも同じApple社製のOSなので、同じSwiftというプログラミング言語で開発できます）。

　近年では、IoTという概念も登場しています。モノがインターネットにつながる世界のことを指しています。プログラムというとPCやスマートフォンなどをイメージする人も多いかもしれませんが、実は、モノの中では、IoTの登場以前からプログラムが動いていました。**組み込みソフトウェア**と呼ばれるもので、テレビがリモコンの入力を受けて電源を付けたり消したりチャンネルを変えたりするのは組み込みソフトウェアが動くことで実現しています。そのような組み込みソフトの開発にもプログラミング言語が用いられています。IoT化することで、組み込みソフトなども改めて注目を集めています。

　このように身近なものだけを取り上げても、各種プログラムを開発するために適切なプログラミング言語の選択が必要になります。Webアプリやデスクトップアプリ、スマホアプリ、人工知能など、それぞれに適したプログラミング言語を選択することもシステム開発の最初に見極める必要があります。

◎ Webアプリ開発が得意なプログラミング言語

　Webアプリ開発に関連するプログラミング言語を紹介します。Webアプリの開発と一言でいいますが、システムとしては、**クライアントサイド**と**サーバーサイド**の2つのシステムに分かれます。すなわち、Webブラウザで表示や入力の受け付けなど、私たちがWebページを見たときに最も接するのがクライアントサイド、そしてWebブラウザ上での入力をもとに、データベースからデータをとってきたり、データを書き込んだりするWebサーバー上で動くシステムをサーバーサイドのシステムと呼びます。それぞれの処理を得意とする言語があります。

　クライアントサイドは、私たちがWebブラウザ上でホームページなどを見るときに、どのように表示するかなどを記述するためのプログラミング言語です。ホームページをつくった経験がある人なら、一度は**HTML**を扱ったことがあるでしょう。HTMLはWebブラウザ上にどのように文章や写真などを表示するかという構成を示すための**マークアップ言語**と呼ばれるものです。HTMLはプログラミング言語ではないですが、動きのあるページをつくろうとすると、HTMLにプログラミングによって手を加える必要があります。そのときに最も使われているプログラミング言語が**JavaScript**です。Webページの作成は、HTMLとJavaScriptを組み合わせて使う場合がほとんどといっても過言ではありません。

　一方のサーバーサイドを扱うプログラミング言語は多様に存在します。1-1-1で「転職で企業からニーズが高い言語ランキング」を紹介しましたが、1位に登場するJavaScript、2位のJava、3位のPHP、4位のPython、5位のC#、7位のRuby、これらはすべてWebサーバーのシステム開発を行うことができるプログラミング言語です（なお、6位のTypeScriptはクライアントサイドのプログラミング言語です）。このように、インターネット通信をし

ながらサーバー開発をすることが当たり前の現代では、多くのプログラミング言語がサーバー開発に対応しており、高い企業ニーズがその順位にも表れています（図9）。

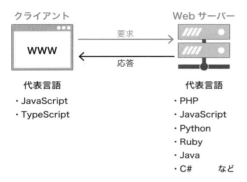

クライアント　　　　　　　　　　　　Web サーバー

要求

応答

代表言語
・JavaScript
・TypeScript

代表言語
・PHP
・JavaScript
・Python
・Ruby
・Java
・C#　　　など

図9　Webアプリを開発するプログラミング言語

◎ デスクトップアプリやスマホアプリ、組み込みソフト開発が得意なプログラミング言語

　Webアプリ以外にもデスクトップアプリやスマホアプリ、組み込みソフトなど、プログラミング言語は様々な場面で登場します。プログラミング言語はそれぞれに得意不得意がありますが、多様なシステム開発に対応できるように開発が進められているのも事実で、共通して使える言語も多数存在します。Webサーバーの開発に利用される言語の多くが、デスクトップアプリやスマホアプリなどにも活用できます。

　デスクトップアプリの開発で有名なのは、**C#言語**です。Microsoftが開発したプログラミング言語で、完全なオブジェクト指向言語として有名です。C#は、Windows OSを最も得意としますが、Macやスマホアプリなど、対応範囲が広いことも特徴のひとつです。Mac OSを得意とするのは、Macが開発したプログラミング言語である**Swift言語**です。Swift言語の登場は2014年と新しく、それ以前にはObjective-C言語が用いられていました。また、Googleが開発した**Go言語**も2009年に登場して注目されている言語の

ひとつです。

　スマホアプリの開発は、OSによって得意なプログラミング言語が異なります。iPhoneであれば、先ほども登場したSwift言語が適しています。Androidの場合には、Javaや**Kotlin**といった言語が有名です。Kotlinは2011年に登場した言語ですが、前述のランキングでも8位に登場するなど、スマホアプリ開発の定番言語として定着しつつあります。

　また、組み込みソフトですが、チップ上で動作する必要があるため、処理をできるだけ軽くする必要があります。そのため、C言語やC++言語といった高速で効率性の高い言語が使われています。

　ここまでたくさんのプログラミング言語を紹介しました。1-1-1で紹介したランキングで、1位から13位までのプログラミング言語がすべて登場しました。それぞれのプログラミング言語に強みがあり、企業ごとに自社で開発しているシステムに従って関連するプログラミング言語を操れるエンジニアを募集している様子がわかります（図10）。

デスクトップアプリ　　　　　スマホアプリ　　　　　組み込みソフト

代表言語
・C#
・Swift
・Objective-C
・Python
・Java　　　など

代表言語
・Swift
・Objective-C
・Java
・Kotlin　　など

代表言語
・C
・C++　　　など

図10　各システムに適したプログラミング言語

◎ Pythonの言語としての特徴

　最後に、Pythonの言語としての特徴についても触れておきます。

　Pythonは、Webアプリのサーバーサイドの開発で登場しましたが、それ以上に何といっても**数値を扱うのが得意なこと**が、最も重要な言語としての

特徴です。統計解析で用いられることで有名な R 言語と同様、Python 言語
では数値を扱うためのライブラリが豊富に備わっています。それによって、
人工知能開発にも多大に貢献しているといえます。

　このように、様々な言語がそれぞれの強みを活かしながら世の中のシステ
ム開発に貢献しています。ただ、以上のような基本的特性があるものの、デ
スクトップアプリの開発をしているうちに Web サーバーとのデータの授受が
発生したり、デスクトップアプリとスマホアプリで同様の動きを実現する必
要性が出たりと、オーバーラップする部分も多分にあるため、それぞれの言
語がそれぞれの強みを活かしながら、オーバーラップする領域をサポートす
るようなフレームワークやライブラリを提供しているという事実も存在しま
す。そのため、ここまで述べてきたような内容を基本的な特性として押さえ
ながら、その都度、開発したいシステムに対して適切なプログラミング言語
を選択していくことが求められます。

便利に使えるライブラリを見てみよう

　Pythonのライブラリには非常に多くのものが存在しており、個人・団体などによって、Python Package Index (https://pypi.org/) をはじめとする様々な場所で公開されています。便利な一方で、バグや場合によっては悪意のあるものも潜んでいるので注意が必要です。

　ここでは、多数公開されているライブラリの中でも、人工知能開発において頻繁に用いられる「Numpy」を実際に使ってみましょう。

Step1 行列演算が得意なPythonライブラリ「Numpy」をインストールしてみよう

　Python Package Index (https://pypi.org/) で「Numpy」を検索し、「numpy」ページ (https://pypi.org/project/numpy/) を表示すると、左上に「pip install numpy」と書かれています。これをコピーして（右のアイコンをクリック）、Google Colaboratoryのコード欄に貼り付けてください。そして、先頭に「!」を付けて実行してみましょう。

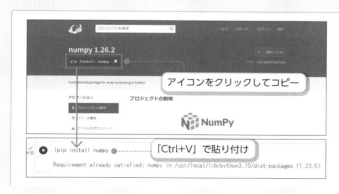

　前ページのような表示が出たでしょうか。「Requirement already satisfied」と書かれています。つまり、すでに「Numpy」はインストール済みになっています。Google Colaboratoryでは様々なPythonライブラリが最初の状態からインストールされており、すぐに使うことができます。

Step2 Google Colaboratoryにインストールされていないライブラリをインストールしてみよう

「!pip install janome」と入力して実行してみましょう。

　上のような表示が出たと思います。「Successfully installed」、つまりはインストールが成功しました。「janome」というライブラリはGoogle Colaboratoryにはインストールされていなかったようです。

Step3 Google Colaboratoryにインストールされているライブラリを調べよう

　Step1とStep2ではイントールされているものとインストールされていないライブラリが確認できました。では、すでにインストールされているライブラリにはどのようなものがあるでしょうか。

　インストールされているライブラリは、「!pip list」と入力して実行すると一覧で確認できます。実際にやってみましょう。

```
!pip list
Package              Version
absl-py              1.4.0
aiohttp              3.9.1
aiosignal            1.3.1
alabaster            0.7.13
albumentations       1.3.1
altair               4.2.2
anyio                3.7.1
appdirs              1.4.4
argon2-cffi          23.1.0
argon2-cffi-bindings 21.2.0
array-record         0.5.0
arviz                0.15.1
astropy              5.3.4
astunparse           1.6.3
async-timeout        4.0.3
atpublic             4.0
attrs                23.1.0
audioread            3.0.1
autograd             1.6.2
Babel                2.13.1
backcall             0.2.0
beautifulsoup4       4.11.2
bidict               0.22.1
bigframes            0.15.0
bleach               6.1.0
blinker              1.4
```

先頭に「!」を付けることでGoogle Colaboratoryでコマンドを実行できる

　スクロールするとわかりますが、多くのライブラリがインストールされていることが確認できます。

Step4 「Numpy」で行列を定義して合計値を出してみよう

　Step1で確認したように、Google Colaboratoryには「Numpy」はすでにインストールされていることがわかりました。では、早速行列を定義してその中身の合計値を計算してみましょう。

```
import numpy as np

array_A = np.arange(2*3).reshape(2,3)     ……… 2×3の行列を定義

sum_array_A = array_A.sum()               ……… 行列の中身をすべて合計

print(sum_array_A)
```

　これを実行すると「15」と出力されるはずです。
　Numpyのarange関数とは、連続する数列を生成します。reshape関数はその数列の形状を指定した形状に変えます。ここでは(2, 3)を指定しているので、2行3列の行列に変換します。最後にsum関数で中身の合計値を演算しています。

Step5　「Numpy」のsum関数の使い方を見てみよう

　Step4ではNumpyのsum関数を使って合計値を出しました。このsum関数は、実際には単純にすべての数を合計するだけのものではありません。

　では、その他にできることは何でしょうか。ライブラリには使い方の詳細が掲載されているドキュメントがあり、例外を除いてほとんどの場合、一般公開されています。今回はNumpyのsum関数について調べてみましょう

　まず、Numpyのドキュメントサイト（https://numpy.org/doc/stable/）にアクセスします。次に、左上の検索窓に「numpy.sum」と入力して検索してみましょう。

　検索結果の一番上にある「numpy.sum」のリンクをクリックするとsum関数の詳細が表示されます。

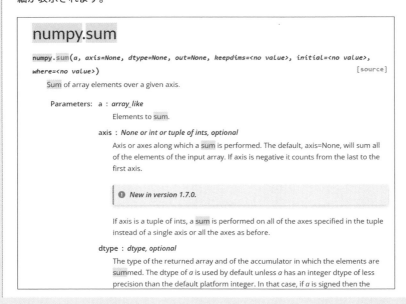

「Parameters」で書いてあるものが、その関数で指定できる引数になります。例え
ば、axisというものがありますが、これは合計が実行される軸を指定します。Step4
では何も指定していなかったのですべてを合計しましたが、これを例えば0に指定
すると、行方向（行列の縦の方向）に合計するという意味になります。
　このように、あらゆるライブラリの関数の使い方を手軽に調べられます。知らな
いライブラリはすぐに調べる癖を付けましょう。

2-3-1 学ぼう！

Python では様々な ライブラリが開発されている

◎ ライブラリとは何か？

Python は、オープンソースで、コミュニティの中でたくさんのソフトウェア開発が行われていることはすでに述べた通りです。ソフトウェア開発が盛んに行われることで、多くのライブラリが登場します。ここでは、Python の豊富なライブラリの中からいくつか紹介します。

そもそもライブラリとは何でしょうか。**ライブラリ**とは、図書館や資料室のことを意味する英語です。図書館や資料室は、たくさんの本や書籍、参考資料が保管されている場所のことで、私たちはそこに行けば、多くの情報を得られます。

ソフトウェア開発で利用するライブラリも似たような意味で使われている言葉です。特定のライブラリは、いくつかの参考資料を集めたパッケージのようになっているもののことを指します。例えば、機械学習を行いたいと思ったときに、ニューラルネットワークの関数やディープラーニングの関数を、プロジェクトごとに毎回書くのは非効率です。そこで、それらの関数を機械学習という1つのパッケージとしてまとめて、参考資料のように使い回せるようにしておけばよいと考えるのが自然な発想です。このようにしてできるのがライブラリです。

Python では、多くのライブラリ、すなわち、**すぐに使い回せて参照できるプログラム**がたくさん公開されているため、効率よくプログラミングの作業ができるようになっているのです（図11）。

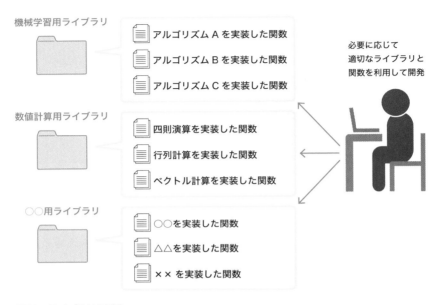

図11　ライブラリの概念

◎ Pythonで利用できるライブラリ

　Pythonで利用できるライブラリは、Pythonに標準で備わっている標準ライブラリとサードパーティ（Pythonのコミュニティ）によって公開されているライブラリがあります。ライブラリを利用するためには、**import文を記述すること**によって、ライブラリを読み込む必要があります。

　例えば、Pythonの標準ライブラリであるos（OSとのインタフェースを提供するライブラリ）を読み込むためには、冒頭に次のようなコードを記述します。

```
import os
```

　標準ライブラリは、一覧がホームページ（https://docs.python.org/ja/3/library/）に掲載されています。先ほど記載したosも一覧の中に登場していることがわかります。

　ホームページに入ってみると、組み込み関数や組み込み型という記載も見

つかります。こちらについても簡単に触れておきます。

　組み込み関数や組み込み型は、ライブラリを使用しなくても標準で必要な関数としてPythonが用意しているものです。例えば、print関数は、ライブラリを読み込む必要はなく、Pythonに標準装備されています。組み込み関数の一覧のページ（https://docs.python.org/ja/3/library/functions.html）を開いてみると、print関数の他にも標準装備されている関数の一覧を見ることができます。

　サードパーティが開発しているライブラリはPython Package Index（https://pypi.org/）で公開されており、誰でも閲覧できます。トップページを開くと、登録されているプロジェクトの総数やファイル数、ユーザー数などが記載されています。2024年4月時点で、1,000万件を超える数のファイル数が登録されており、コミュニティの活発さがうかがえます。

　機械学習や深層学習などの人工知能に関わるライブラリはPython Package Indexに公開されています。例えば、機械学習のライブラリとして有名なscikit-learnを検索した結果は、図12の通りです。

図12　scikit-learnを検索してみた結果

◎ 人工知能開発でよく利用される数値を扱うためのライブラリ

　Python Package Indexを参照すれば、どのようなライブラリがあるかは一目瞭然です。ここでは、Pythonを用いた人工知能開発でよく使うライブラリをいくつか紹介します。

　先ほど、scikit-learnを検索した結果を見ました。scikit-learnのページに、必要なライブラリやPythonのバージョン情報が書かれていました。そこで挙げられているライブラリをいくつか紹介します。

　1つ目が**NumPy**です。これなしでは人工知能開発が行えないといっても過言ではない非常にベーシックなライブラリです。NumPyを利用することで、Pythonで行列表現を扱えるようになります。例えば、3次元のベクトルは、次のようなプログラムで表します。

```
import numpy as np
vector = np.array([1,2,3])
```

　1行目は、NumPyのライブラリを利用するためにインポートするための記述です。慣例的にnpという名称を付けてインポートします。2行目では、NumPyの中のarrayという関数を使って、【1, 2, 3】というベクトルをつくっています。array同士の和を計算することもできますし、要素の和を求めるvector.sumや平均を求めるvector.meanなども利用でき、数値計算を幅広く扱える特徴があります。

　2つ目は**SciPy**です。SciPyは数値解析のための関数を豊富に含んだライブラリで、NumPyと組み合わせることで威力を発揮します。例えば、scipy.fftではフーリエ変換を実行できますし、scipy.integrateでは数値積分を行えます。SciPyを用いることで、NumPyで設定した行列の逆行列を求めることもでき、機械学習をする上でなくてはならないライブラリのひとつになっています。

　フーリエ変換と数値積分は、それぞれ次ページのようにプログラムで表すことができます。

```
from scipy.fft import fft
fft_result = fft(signal)  #signal は入力の数値列

from scipy import integrate
result, error = integrate.quad(f, 0, 1)   # 0 から 1 ま
での関数 f の積分。積分結果と推定誤差が出力される
```

◉ 人工知能開発でよく利用される アルゴリズム豊富なライブラリ

　NumPyやSciPyを用いることで行列演算を行うことができます。機械学習や人工知能は、行列表現で表される入力に対して特定のアルゴリズムによって演算処理を行うことで、予測や分類などを行っています。

　豊富な機械学習アルゴリズムを搭載しているのが、これまでにも何度も登場している**scikit-learn**です。scikit-learnのアルゴリズムの中身については3-2-2 ～ 3-2-4で理論的な背景を記述しますが、例えば、scikit-learn で線形回帰を行いたいときには、図13のようなプログラムを記述します。学習自体は、model.fit(X, y)のたった の1行で記述されていることがわかります。非常に便利な機械学習用ツールです。

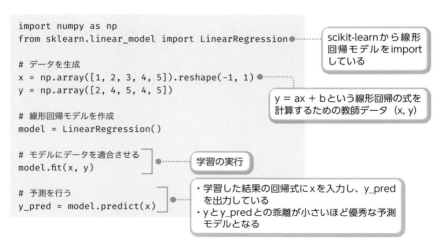

```
import numpy as np
from sklearn.linear_model import LinearRegression

# データを生成
x = np.array([1, 2, 3, 4, 5]).reshape(-1, 1)
y = np.array([2, 4, 5, 4, 5])

# 線形回帰モデルを作成
model = LinearRegression()

# モデルにデータを適合させる
model.fit(x, y)

# 予測を行う
y_pred = model.predict(x)
```

scikit-learnから線形回帰モデルをimportしている

y = ax + bという線形回帰の式を計算するための教師データ（x, y）

学習の実行

・学習した結果の回帰式にxを入力し、y_predを出力している
・yとy_predとの乖離が小さいほど優秀な予測モデルとなる

図13　scikit-learnで線形回帰を行う

　深層学習用のライブラリとしては、**TensorFlow** や **Keras** が有名です。Googleが開発してオープンソース化したライブラリで、第3次人工知能ブームの火付け役である画像認識などをはじめとする深層学習を誰でも簡単に扱えるようになりました。

　これらは一例にすぎませんが、このようにたくさんのライブラリを活用することで、効率よく人工知能開発が行えることが、Pythonを用いる最大のメリットといえるでしょう。

第2章のまとめ

- プログラムによってコーディングを行うようになったのは20世紀半ばで、最初は16進数の数字で表される機械語によって作業が行われていた
- Pythonが登場したのは1990年代の初頭であり、JavaやJavaScriptよりも先に登場した
- Pythonはオープンソースのプログラミング言語であり、コミュニティによって成り立っている
- Pythonはオブジェクト指向をサポートするプログラミング言語である
- Pythonは動的型付けの言語のため、変数の設定時に型の宣言が不要である
- JavaScriptのようにWebアプリの開発が得意な言語、C#のようにデスクトップアプリの開発が得意な言語、Swift言語のようにiPhoneアプリの開発が得意な言語など、プログラミング言語ごとに得意とするシステム開発がある
- PythonはWebアプリのサーバーサイドの開発が得意なことに加え、数値を扱うことが得意で、人工知能の開発に大きく貢献する
- Pythonでは、人工知能開発を行うために必要となる豊富なライブラリを利用できる

✓ 練習問題

Q1 1949年に開発されたはじめてのプログラム内蔵方式のコンピュータ
は何と呼ばれているコンピュータですか?

    (A) ENIAC
    (B) EDSAC
    (C) Mycin
    (D) ILSVRC

Q2 オブジェクト指向をサポートしないプログラミング言語の代表的なも
のは、手続き型プログラミング言語と何がありますか?

    (A) 参照型プログラミング言語
    (B) データ型プログラミング言語
    (C) 配列型プログラミング言語
    (D) 関数型プログラミング言語

Q3 JavaScriptが得意とするのはどのような開発ですか?

    (A) Webアプリの開発
    (B) デスクトップアプリの開発
    (C) スマホアプリの開発
    (D) 組み込みソフトの開発

Q4 Pythonのようにソースコードが無償で一般公開されているようなも
のを何と呼びますか?

    (A) 公開ソフト
    (B) オープンソース
    (C) コラボレーションソフト
    (D) フリーソフト

解答 **A1.** B
    A2. D
    A3. A
    A4. B

Chapter

03

人工知能の基本となる
機械学習を学ぼう

〜機械学習の種類は豊富にある〜

人工知能には多様な技術が用いられ、用いられる技術ごとに異なる特徴があります。そのため、どのような技術を選択して開発するかが精度の高い人工知能の構築には極めて重要です。

本章では、様々な意味合いで用いられる人工知能という言葉について紹介するとともに、そこで用いられている技術やアルゴリズムの詳細について解説します。

3-1 やってみよう！

機械学習について知ろう

　「人工知能」という言葉と同じくらい「機械学習」という言葉もよく耳にするのではないでしょうか。「機械学習」とは、文字通り「機械」が「学習」することです。言い換えると、コンピュータにデータを入力して学習させることを意味します。

　それでは、学習させるとはどういうことなのでしょうか。まずは私たち人間が行っている学習がどのようなものなのかを考えてみましょう。

Step1 　自身が「学習した」という経験を3つ以上挙げてみよう

　「学習」の定義を考える上では、まずは自身の経験から、学習とはどのようなものなのかを思い浮かべることが一番の近道です。なるべく大雑把ではなく、詳しい経験を書いてください。

- ・
- ・
- ・
- ・
- ・
- ・
- ・
- ・
- ・
- ・

解答例 受験勉強で計算問題が解けるようになったとき、安物のワインと高級ワインが見分けられるようになったとき、釣りで狙ったポイントにキャスティングできたとき

Step2 ▶ 「学習した」経験がどのようなタスクなのかを考えよう

　Step1で挙げた自身の「学習した」というそれぞれの経験について、その学習に使ったものや大雑把にどのようなことをしていたのかを考えてみましょう。例えば、「受験勉強で計算問題が解けるようになる」ためには、計算問題集とその回答を用意して数値を計算する（回帰）タスクが必要になります。

　このように、何が必要でそのタスクが数値計算（回帰問題）なのか、ラベル付け（分類問題）なのかを書いてみましょう。

```
・
・
・
・
・
・
・
・
・
```

解答例 「受験勉強で計算問題が解けるようになったとき→計算問題集と回答、回帰問題」、「安物のワインと高級ワインが見分けられるようになったとき→たくさんの安物のワインと高級ワイン、分類問題」、「釣りで狙ったポイントにキャスティングできたとき→狙うポイント座標、回帰問題」

　「機械学習」を行う場合も、同様にどんなもの（データ）を使ってどのようなタスクを与えるのかをきちんと設計しておく必要があります。このとき、人間でもいえることですが、間違ったデータが混在していると正しく回答することが難しくなります。例えば、「安物のワイン」と「高級ワイン」があるとして、その中に「安物のワイン」であるにもかかわらず、「高級ワイン」のラベルが付いていれば、判断するのが難しくなるでしょう。極端な例でいうと、その間違って紐づいたデータが8割ぐらいあるならば、「安物のワイン」が「高級ワイン」とされるほとんど逆の判定をしてしまう残念なモデルになってしまいます。

　このことからもわかるように、データセットは「機械学習」の中でも大変重要なものになっており、最も気を付けるべき部分といっても過言ではありません。

人工知能に関わる言葉

人工知能の背景にあるアルゴリズム

　これまで、プログラミング言語としての Python に関することや、人工知能をつくっていく上で必要不可欠なプロセスや考え方について説明してきました。本章では、いよいよ Python を使って人工知能をつくることに焦点を当てて説明していきます。

　「学ぼう！」では、人工知能や機械学習に関わる用語を中心として取り上げ、その理論的な背景について、できるだけ平易な表現で直感的にわかりやすいよう心がけて説明します。

　2-3 でも述べた通り、Python には豊富なライブラリがサポートされており、コードを記述すれば予測や分類などの処理が簡単にできるようになっています。そのため、簡単なアルゴリズムの実装は容易にできますが、より一歩踏み込んで開発を行いたい場合、例えば、自分なりにアルゴリズムを組み合わせて応用したり、課題設定に対してより適切なアルゴリズムを選択したりするためには、**アルゴリズムの背景にある理論を知ること**も重要なことのひとつです。

　また、アルゴリズムの数理的な背景を理解することで、**人工知能を適用するとどのような結果が返ってくるのか、コードを書かなくても予測できるようになります**。結果が予測でき、予測通りの挙動になると、改善点も明確になります。もし予測通りの挙動にならない場合には、改めてデータを見直し、なぜ予測通りにならなかったのか振り返ることもできます。例えば、データの中に異常値が混じっている場合や欠損がある場合には、予測通りの結果にはなりません。

　このように、人工知能はなぜそのような結果が出てきたのか、その理由が説明できないので使うのは危険だとよくいわれるため、エンジニアとしては、どのようなデータを学習させれば、どのような結果が出るか、ある程度説明ができるようになっておいたほうがよいでしょう（図1）。

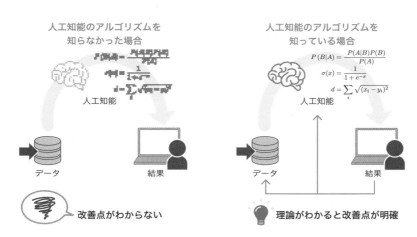

人工知能のアルゴリズムを
知らなかった場合

人工知能のアルゴリズムを
知っている場合

$$P(B|A) = \frac{P(A|B)P(B)}{P(A)}$$
$$\sigma(x) = \frac{1}{1 + e^{-x}}$$
$$d = \sum_i \sqrt{(x_i - y_i)^2}$$

人工知能

人工知能

データ　　　　　結果

データ　　　　　結果

改善点がわからない

理論がわかると改善点が明確

図1　人工知能の理論を学ぶ

強い人工知能と弱い人工知能

　これまでも本書の中で、"人工知能"という単語を散々登場させてきましたが、この言葉には、様々な解釈の余地があるのも事実です。人によって、"人工知能"の定義が異なることから、話がうまくかみ合わないこともよくあります。後ほど決定木学習という機械学習のアルゴリズムが出てきますが、決定木は、シンプルなYes/Noチャートで表されるアルゴリズムです。

　では、決定木学習は人工知能なのでしょうか。人によって、決定木は立派な機械学習なので人工知能と呼んでよいと考える人もいれば、Yes/Noチャートのようなものは人工知能とは呼べないという立場の人もいます。このようなことは至るところで起きています。

　そこで考え方を整理するために、いくつか人工知能を語るときに使われている言葉を紹介します。代表的なものに、"強い人工知能"と"弱い人工知能"という言葉があります。"**強い人工知能**"とは、機械自身で思考したり判断したり、いわゆる"知能"をもつコンピュータを指します。自律的に考えることのできるコンピュータは、私たちが"人工知能"と呼ぶものの完成形といえるでしょう。一方で、"**弱い人工知能**"という言葉もあります。強い人工知能が完成形なのであれば、弱い人工知能はそうではないことは容易に想像できる

でしょう。弱い人工知能とは、特定のタスクを行うためのコンピュータに用いられる用語です。何らかの分類問題を解いたり、画像解析によって人物を検出したり、顔認証をしたりといったタスクのことです。現在世の中の製品に搭載されている人工知能は、まさに特定のタスクに特化した"弱い人工知能"です。

　"強い人工知能"はまだ世の中に出現しておらず、研究者が目指している世界です。"人工知能"と聞くと"強い人工知能"を思い浮かべますが、世の中に登場している人工知能は"弱い人工知能"のため、両者の認識の違いによって話がかみ合わないことはよく起こるので注意が必要です。また、強い人工知能を対応できるタスクの広さから**汎用型人工知能**、弱い人工知能を特定のタスクしか実行できないことから**特化型人工知能**と呼ぶ場合もあります（図2）。

強い人工知能

弱い人工知能

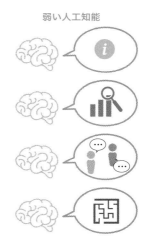

様々なタスクに対応できる
≒汎用型人工知能

特定のタスクにしか対応できない
≒特化型人工知能

図2　強い人工知能と弱い人工知能の違い

学習に関する言葉

◎ 学習するとはどういうことか？

　ここまで人工知能の言葉を定義してきました。現在、世の中に登場しているのは"弱い人工知能"であり、特定のタスクに特化した"特化型人工知能"であることがわかりました。本書ではこれ以降、"弱い人工知能"、すなわち特化型人工知能について取り扱います。

　特化型人工知能をつくる際には、**"学習"**が欠かせません。すなわち、特定のタスクを実行するために、どのような条件の場合にはどのような出力をすればよいかを明示し、正しく出力ができるようにチューニングすることです。

　例えば、画像の中から人の顔を抽出するタスクで考えてみましょう。このタスクでは、画像中に人の顔があるという条件が設定され、その条件を満たす場合に、顔を四角の枠で囲むタスクを行います。このタスクを遂行するためには、人の顔画像にどのような特徴があるのかをコンピュータに認識させる必要があります。このプロセスが学習です。

　学習のためには、**教師データ**が必要になります。すなわち、人の顔が写っている画像や写っていない画像を大量に用意し、どの画像のどこに人の顔が写っているかをあらかじめセグメンテーションしておきます。このセグメンテーションされたデータをコンピュータに入力することで、次第にコンピュータは人の顔の特徴を覚えていき、自動化できるようになるのです。まさに、大人が子どもに対して、「あれは犬だよ」「あれは猫だよ」と教えるプロセスをコンピュータにも行うのが学習というプロセスなのです（図3）。

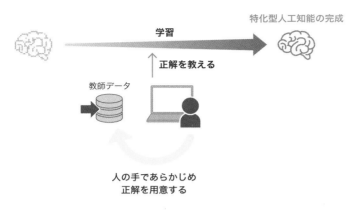

図3　人工知能は学習によってタスクを行えるようになる

🎯 人工知能の学習でまず登場するのが機械学習

　人工知能分野では、学習という言葉が含まれている単語がいくつかあります。代表的なものが、"機械学習"と"深層学習"と"強化学習"です。

　機械学習は、深層学習や強化学習などの概念を含む最も広い概念を指す用語です。そのため、Pythonで人工知能を構築しようと思ったときの最初の一歩となるのが機械学習です。深層学習や強化学習は巨大なデータ量を必要とすることで有名ですが、機械学習の場合は、データ量が少なくても人工知能を構築できます。

　一口に機械学習といっても、用いられるアルゴリズムは多数存在します。例えば、先ほど登場したシンプルなYes/Noチャートで表される**決定木学習**と呼ばれる手法は機械学習のひとつです。また、人間の脳の神経回路の構造を数学的に模して表現したものといわれている**ニューラルネットワーク**もこれにあたります。また、意外に思われるかもしれませんが、**線形回帰**など、日常的に用いられている数理的手法も機械学習のアルゴリズムに登場します。他にも、データの特性や得たい結果によって複数の機械学習のアルゴリズムが登場しており、それらをうまく使い分ける必要があります。本章では、機械学習の代表的なアルゴリズムについて、その数理的な背景を解説します（図4）。

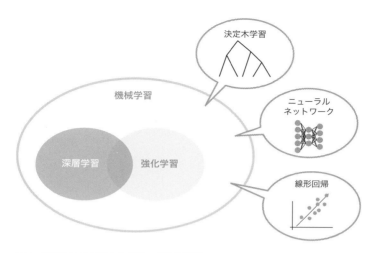

図4　学習という言葉を含む3つの基本単語

◎ 第3次人工知能ブームで注目される深層学習

　深層学習という言葉は、機械学習という言葉よりも聞きなじみがあるかもしれません。2012年に画像解析を競い合う競技大会で、深層学習を用いたアルゴリズムが従来の画像解析アルゴリズムに比べて格段によい成果を収めたことから、第3次人工知能ブームとなりました。

　それまでの画像解析分野では、画像中から特定の特徴を抽出することは極めて難しいタスクのひとつでした。例えば、画像の中に人の顔があるかどうかを判別するために、人の顔の特徴を定義して、その定義に当てはまる特徴が画像中にあるかどうかを網羅的に探索するなどの手法をとっていました。しかし、それでは横を向いた人の顔や下を向いた人の顔、何かのものと重なった人の顔などを正確に抜き出すことは不可能に近いものでした。

　このような手法に対し、深層学習では大量の画像を用意し、その画像の中に人の顔が写っているかどうかを**ラベル付け**して学習してしまえば、どのような画像に対しても画像中に顔が写っているかどうかを自動判別できるようになったのです。すなわち、**特徴量を自動的に習得できる**ようになったのが、機械学習に対して深層学習の飛躍的な成果だったといえるのです（図5）。

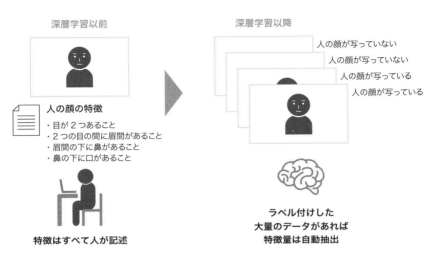

図5　深層学習による特徴量抽出の自動化

　深層学習は、**深層ニューラルネットワーク**と呼ばれることもあります。こ
れは、深層学習がニューラルネットワークをベースとして、ニューラルネッ
トワークの階層を深くする（神経細胞の結合が直列に増える）という考え方に
基づいて構築されたアルゴリズムに由来します。

　現在では、深層学習は画像だけでなく文章や時系列データ解析など、多く
のシーンで用いられています。なお、深層学習の詳細なアルゴリズムは
4-1-1 〜 4-1-3で詳しく解説します。

◎ ChatGPTでも使われている強化学習

　学習を含む代表的な言葉の3つ目は"**強化学習**"です。

　強化学習は、得たい成果を最大化させるために、コンピュータが探索的に
最適解を見つけるようなシーンで活用される学習方法です。例えば、迷路を
解く問題が典型例です。私たちが通常迷路を解く場合、分岐点が来たらそれ
ぞれの分岐点の先を目で追い、行き止まりになりそうにない経路を選択する
のではないでしょうか。これは、行き止まりが目の前で見えているのであれば、
その経路を選択しないように最適な経路を選びたいからです。

　ここで、私たちはコンピュータを使って迷路を解く場合に、コンピュータにも同様の振る舞いを実装したいと考えます。コンピュータの場合、特定の分岐点が来たときに、複数の経路を選択してもよい状態を維持したまま、その先の経路を目でたどるような曖昧な状態を好みません。そこで、報酬という概念を持ち出します。分岐点に到達したときに、少しでもゴールに近づく経路を選ぶと報酬を高くするような条件付けをしておくと、報酬が高くなるようにコンピュータが振る舞います。そのようにしておけば、最適な経路でゴールにたどり着けるようになります（図6）。

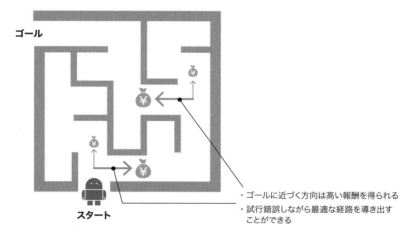

図6　報酬をもとに最適解を求める強化学習

　このような考え方は、ロボットにモノをつかむ動作を教える際にも適用できます。モノを落とすようなつかみ方をした場合に報酬が低くなるようにし、モノを落とさなければ報酬が高くなるように設定しておくことで、モノをつかむ動作の最適解をロボットが自己学習できるようになります。また、ChatGPTでは、人間らしい回答を出力すると報酬が高くなるように強化学習することで、回答に人間らしさを獲得しています。

　強化学習については本書の範囲を超えるので、これ以上の説明は他の書籍に譲りますが、このように学習という言葉ひとつをとっても、人工知能では様々な技術のことを指していることがわかります。

人工知能は機械学習だけではない

◎ 文章から情報を得るテキストマイニング

　機械学習以外にも人工知能と呼ばれるシステムには様々な技術が使われています。ここでは、その中から2つ紹介します。

　1つ目は、**テキストマイニング**という技術です。

　テキストマイニングとは、「テキスト＝文章」と「マイニング＝採掘」という言葉を組み合わせた単語です。すなわち、文章の中から、意味やトレンドなどを見つけ出すために用いる技術のことを指します。例えば、SNSのデータ解析はわかりやすい例です。SNSに掲載される多くの情報は、利用者の行動のトレンドをリアルタイムに反映しています。どのような商品が今売れているのかという情報や、集中豪雨がどの地域で発生しているのか、桜前線がどの地域にまで北上しているのかといったことが、SNSのデータ解析をすることで明らかになります。

　このようなトレンド分析には、何らかの学習を行って機械的な処理を実行するわけではなく、SNSの大規模データから特定のキーワード（例えば、ゲリラ豪雨でびしょぬれになった、桜が咲いた、というような情報）を抜き出してくる（採掘する）技術が求められます。それがテキストマイニングです。

　テキストマイニングは、SNSだけでなく、大量の文章情報から何らかのトレンドを把握したい場合には、大変有効に機能します。最新の研究論文のタイトルに含まれる単語のトレンドを解析することで、研究が集中している領域が明確になるでしょう。また、コールセンターなどのお客様対応窓口やお客様アンケートでどのような話題が出ているかもテキストマイニングによって把握でき、マーケティングへの利用やクレームの早期解決を図ることができます（図7）。

大量のテキストデータから
トレンドを知る

・消費者の嗜好トレンド
・流行予測
・天候や災害情報　など

図7　テキストデータからトレンドを把握するテキストマイニング

大量の情報から目的の情報を得る検索エンジン

　もうひとつの代表的な人工知能の技術は**検索エンジン**です。

　現在、私たちは、GoogleやAmazonなどのサービスを利用する際には、検索窓に知りたいことを当たり前のように入力し、目的のWebページや商品にたどり着いています。検索エンジンがないホームページで目的の情報を得ようとすると、色々なページを開いてみては閉じるという作業を繰り返す必要がありますが、検索エンジンはそのような手間を簡単に解決してくれます。

　こうした検索エンジンには、多数の技術が複合的に使われています。関連性のあるページや類似するページをまとまりで表示できるようなクラスタリングが行われていたり、私たちの過去の検索履歴に応じて関心に合わせた検索結果が優先的に表示されたり、画像検索ができるようになっていたりと、気付かないうちに検索エンジンに関する技術も驚くべきスピードで進展しています。

　本書でそのすべてを紹介することは難しいですが、一例として、検索エンジンを構成する技術の代表的なもののひとつである**TF-IDF**を紹介します。これは、Term Frequency（単語頻度）とInverse Document Frequency（文章頻度の逆数）を意味する単語の組み合わせです。

　TFは単語の出現頻度を表す概念です。文章中で出現頻度が高い単語は、その文章内において重要度が高く、話題となっていることがわかります。例え

ば、本書は、人工知能やPythonという単語の出現頻度が高いことから、人工知能やPythonに関する書籍であることがわかります。

　IDFは、他の文章も含めて考えた場合に、その単語の出現頻度の希少性を表す概念です。例えば、「です」や「ます」といった単語は、本書で高い頻度で登場しますが、他の文章などでも当たり前のように登場する単語のため、本書の特徴を表している単語とはいえません。他の文章と比べた希少性の観点を踏まえて特徴を捉える必要があり、IDFはそのような希少性を評価するために用いられている指標です。検索エンジンでは、TFとIDFを掛け合わせることで文章の特徴を明確化し、検索ワードに関連する特徴のある文章を上位に表示できるようになります（図8）。

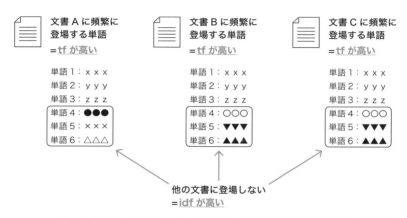

⇒単語4、単語5、単語6は、tf-idfが高く、各文書に特徴的な単語となっている

図8　検索に用いられるTF-IDFのアルゴリズム

3-2

やってみよう！

機械学習のアルゴリズムの違いを知ろう

「機械学習」と一口でいっても、そこには様々なアルゴリズムが存在します。その中でも最も典型的なものを機械学習の種類別にいくつか実装していきましょう。

実際に動かしてみることで、便利なライブラリや基本的な精度指標の出力から可視化の方法までを身に付けましょう。

Step1 機械学習用データセットを取得して表示してみよう

機械学習のアルゴリズムの実装をするときには、当然ですが、データセットが必要になってきます。今回は、「irisデータセット」という大変有名な多分類タスク用データセットを用います。これは、「scikit-learn」というライブラリを用いて簡単に取得できます。「scikit-learn」は、Google Colaboratoryにはすでにインストールされているので、改めて導入する必要はありません。

```
from sklearn.datasets import load_iris

iris = load_iris() # iris データセット取得

print(iris. feature_names) # 特徴量の名前の取得
print(iris.data) # 特徴量の取得
print(iris.target_names) # ラベルの名前の取得
print(iris.target) # 付与されているラベルの取得

実行結果は以下の通り。
['sepal length (cm)', 'sepal width (cm)', 'petal length (cm)', 'petal width (cm)']
[[5.1 3.5 1.4 0.2]
 [4.9 3.  1.4 0.2]
      :
```

```
    (省略)
      :
 [6.2 3.4 5.4 2.3]
 [5.9 3.  5.1 1.8]]
['setosa' 'versicolor' 'virginica']
[0 0 0 0 0 0 0 0 0 0 0 0 0 0 0 0 0 0 0 0 0 0 0 0 0 0 0 0 0 0 0 0 0 0 0 0
 0 0 0 0 0 0 0 0 0 0 0 0 0 0 1 1 1 1 1 1 1 1 1 1 1 1 1 1 1 1 1 1 1 1 1 1 1
 1 1 1 1 1 1 1 1 1 1 1 1 1 1 1 1 1 1 1 1 1 1 1 1 1 1 1 2 2 2 2 2 2 2 2 2 2
 2 2 2 2 2 2 2 2 2 2 2 2 2 2 2 2 2 2 2 2 2 2 2 2 2 2 2 2 2 2 2 2 2 2 2 2 2
 2 2]
```

　irisデータセットは、「アヤメ」という花の特徴量から種類を分類するために主に使われます。データセットの内容が4つの花の特徴量（花びらやガク片の長さと幅）と、アヤメの種類であるsetosa(0)、versicolor(1)、virginica(2)という3つのラベルで構成されていることがわかります。

Step2 　irisデータセットに対して教師なし学習の代表である「クラスタリング（k-means）」を実装し、可視化してみよう

　クラスタリングを実装するためには、Step1のデータセットを取得する際にも使用した「scikit-learn」を用います。このライブラリは、データセット取得やクラスタリング以外にも様々な機械学習の実装をサポートしています。クラスタリングにも様々なアルゴリズムがありますが、ここでは「k-means法」という手法を用います。コメント文をヒントに（　）内を埋めてみましょう。irisデータセットは引き続き変数irisに格納されているとします。

```
import matplotlib.pyplot as plt
from sklearn.cluster import KMeans
from sklearn.decomposition import PCA

kmeans = KMeans( ( ① ) =3, random_state=0) # 3つのクラスターをつくるように設定
kmeans.fit(iris.data) # 特徴量に対してクラスタリング（ラベル予測）
kmeans_pred_label = ( ② ) # k-means法で予測されたラベル

pca = PCA( ( ③ ) =2, random_state=0) # PCAで2次元に圧縮するように設定
pca_vect_list = pca. ( ④ ) (iris.data) # 特徴量に対してPCA実行（次元圧縮）

marker_list = [",", "o", "v"] # 使用するマーカーリスト
```

```
# 可視化：
for i, label in enumerate(kmeans.labels_):
plt.scatter(pca_vect_list[:, 0], pca_vect_list[:, 1], c=0, marker=( ⑤ ))
plt.show()
```

解答 ①n_clusters、②kmeans.labels_、③n_components、④fit_transform、
⑤marker_list[_label]

　実行すると、以下のようなクラスター別にマーカー形状で分けられたグラフが出力されます。k-means法を含む多くのアルゴリズムではランダム要素があるため、結果が毎回変化することがあります。kmeans関数やPCA関数でrandom_state=0と指定しているのは、その結果を固定して再現性を確保する目的があります。ここでは0を指定していますが、値は数字ならばどんな値でも構いません。この値は（ランダム）シードと呼ばれます。

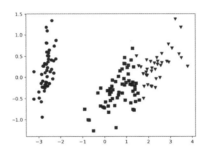

　k-means法だけでなく、今回次元圧縮に用いたPCA（主成分分析）も教師なし学習に分類されます。このような次元圧縮は多次元データを可視化したり、入力情報の次元数を落としてモデル精度を上げたりするなどの目的で使用されます。

Step3 irisデータセットを用いて教師あり学習の分類モデル「サポートベクターマシン（SVM）」を実装してみよう

　Step1〜2ではirisデータセットの取得方法と教師なし学習を使って分類と可視化を行いました。次は、このデータセットを用いて教師あり学習のサポートベクターマシン（SVM）を実装し、精度を計算後に可視化してみましょう。
　精度を求める方法には様々なものがありますが、今回はモデル精度評価にはホー

ルドアウト法を採用し、分類問題における基本的な指標で精度を出力してみます。要領は同じで、Pythonでは機械学習のモデル実装から精度計算、可視化までたった数十行程度で実装できます。では、同様に（　）内を埋めて実行してみてください。

```
from sklearn.datasets import load_iris
from sklearn.model_selection import train_test_split
from sklearn import svm, metrics
import seaborn as sns

iris = load_iris()
X_train, X_test, Y_train, Y_test = train_test_split( ( ① ) , ( ② ) , train_
size=0.7, random_state=0)  # ホールドアウト法でデータセットを訓練データとテストデータに7：3
で分割（X_trainとX_testには特徴量、Y_trainとY_testにはラベルを分割した結果が格納）

svm_model = svm.SVC(C=1.0) # サポートベクターマシンの設定（Cはハイパーパラメータ）
svm_model. ( ③ ) (X_train, Y_train) # 学習
Y_test_pred = svm_model. ( ④ ) (X_test) # ラベルを予測    ハイパーパラメータ＝
                                                         最初に設定する値

cm = metrics.confusion_matrix(Y_test, Y_test_pred) # Confusion Matrix 計算
sns.heatmap(cm, annot=True) # Confusion Matrix の可視化

result = metrics.classification_report(Y_test, Y_test_pred) # 分類モデル精度計算
print(result)
```

解答 ①iris.data、②iris.target、③fit、④predict

　実行結果は以下の通りです。正解率であるaccuracyを見ると、ほぼ100％の分類精度になっていることがわかります。

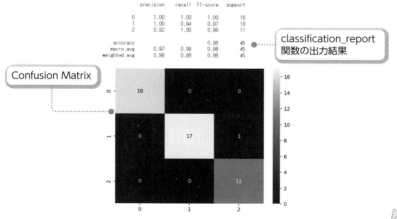

Confusion Matrix

classification_report
関数の出力結果

　分類問題の基本的な精度指標は、Pythonのライブラリを使えば一括で出力できることがわかったのではないでしょうか。また、Confusioin Matrix（混同行列）と呼ばれる分類精度の可視化方法も簡単に実装できました。

　このようにPythonでは、ライブラリにどのようなものがあるのかということと、そのライブラリの使い方の知識を身に付けることが、コードをより効率的に書くことにつながります。

Step4 回帰用データセット「diabetes」を取得してみよう

　Step3までは分類問題を扱いました。機械学習のモデルには分類問題を解く以外に、数値を予測するという回帰問題を扱うものもあります。もちろん、その回帰用のデータセットも存在します。

　その回帰用データセットのひとつである「diabetes」は、糖尿病患者442人の検査数値から1年後の疾患進行状況を定量化したものを予測するように作成されたデータセットです。実際に取得してデータを見ていきましょう。同時にデータ整形用のライブラリの定番である「pandas」を使ってみましょう。

```
from sklearn.datasets import load_diabetes
import seaborn as sns
import matplotlib.pyplot as plt
from pandas.plotting import scatter_matrix
import pandas as pd

diabetes = load_diabetes() # diabetes データセットの取得

df_diabetes = pd.DataFrame( ( ① ) , columns=( ② )) # データセットの特徴量と列名
からデータフレーム作成
df_diabetes['target'] = ( ③ ) # 目的変数である疾患進行状況をデータフレームの「target」
列に代入

print(df_diabetes.info()) # データフレームの情報を表示

scatter_matrix(df_diabetes, diagonal='density', figsize=(20, 20)) # 各特徴量同士の
関係を散布図で可視化
plt.show()

sns.heatmap(df_diabetes. ( ④ ) , vmin=-1, vmax=1) # 各特徴量同士の相関を計算したもの
を入力としてヒートマップで可視化
```

解答 ①diabetes.data、②diabetes.feature_names、③diabetes.target、④corr()

出力結果は以下のようになります。

```
<class 'pandas.core.frame.DataFrame'>
RangeIndex: 442 entries, 0 to 441
Data columns (total 11 columns):
 #   Column  Non-Null Count  Dtype
---  ------  --------------  -----
 0   age     442 non-null    float64   ●·············  データフレームの情報
 1   sex     442 non-null    float64
 2   bmi     442 non-null    float64
 3   bp      442 non-null    float64
 4   s1      442 non-null    float64
 5   s2      442 non-null    float64
 6   s3      442 non-null    float64
 7   s4      442 non-null    float64
 8   s5      442 non-null    float64
 9   s6      442 non-null    float64
 10  target  442 non-null    float64
dtypes: float64(11)
memory usage: 38.1 KB
None
```

scatter_matrix関数による散布図　　　　各特徴量同士の相関のヒートマップ

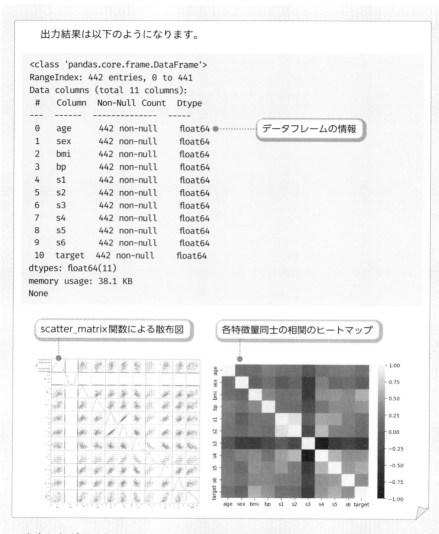

　出力したグラフからs1とs2に強い相関関係があることがわかります。ここでは詳しくは述べませんが、このようにデータを可視化し、それぞれの相関や分布を見ることで、データの前処理の方法を考える材料にしましょう。モデル精度の向上にはデータの観察が一番の近道です。

Step5 diabetesデータセットを用いて教師あり学習の「ランダムフォレスト回帰」を実装してみよう

　diabetesデータセットの中身も確認できたので、早速、機械学習を用いて予測していきます。今回は、「ランダムフォレスト回帰」というモデルを用いて、同様にデータセット分割から学習・精度評価までを出力します。

　Step3までは機械学習モデルの最初に設定する値であるハイパーパラメータは固定値として扱ってきましたが、今回はGridSearch（グリッドサーチ）という手法と交差検証という評価法を用いて基本的なハイパーパラメータ調整の実装をしてみましょう。せっかくなのでSetp4でpandasを用いて作成したデータフレームをそのまま使います。コードはStep4の続きと考えてください。（　）内を埋めて実行してみましょう。

```
from sklearn.ensemble import RandomForestRegressor
from sklearn.model_selection import GridSearchCV
import numpy as np
from sklearn.metrics import r2_score, mean_squared_error, mean_absolute_error

# ホールドアウト法でデータセットを訓練データとテストデータに7:3で分割
X_train, X_test, Y_train, Y_test = train_test_split( ( ① ) , ( ② ) , train_
size=0.7, random_state=0)

rf_model = RandomForestRegressor() # ランダムフォレスト

# ハイパーパラメータ調整
# 調整対象のハイパーパラメータとその範囲を指定
param_grid = {"n_estimators": [5,10,15], "min_samples_split": [2,4,6]}
# GridSearchと交差検証の設定（選択基準の指標には平均二乗誤差を用いる）
rf_grid_model = GridSearchCV(estimator=rf_model, param_grid=param_grid,
scoring='( ③ )', cv=5)
rf_grid_model.fit(X_train, Y_train) # 訓練データ内で最適なハイパーパラメータ探索
print(f" 最適なハイパーパラメータ > {rf_grid_model.best_params_}")

Y_test_pred = rf_grid_model.predict(X_test) # 最適なハイパーパラメータを用いてテスト
データを予測
r2 = r2_score(Y_test, Y_test_pred) # R2 計算
mae = mean_absolute_error(Y_test, Y_test_pred) # MAE（平均絶対値誤差）計算

～（続き）～
rmse = ( ④ )(mean_squared_error(Y_test, Y_test_pred)) # RMSE（二乗平均平方根誤差）
print(f" モデル精度評価 > R2:{r2} MAE:{mae} RMSE:{rmse}")
```

```
# 実際の値と予測値の比較グラフ
X = range(len(X_test)) # 横軸の値
plt.ylabel('target') # 縦軸のラベル名
plt.plot(X, Y_test, label='Y_test') # 実際の値を plot
plt.plot(X, Y_test_pred, label='Y_test_pred') # 予測値を plot
plt.legend() # 凡例表示
plt.show()

# 実際の値と予測値の関係グラフ（yyplot）
sns.scatterplot(x=Y_test, y=Y_test_pred) # 横軸が実際の値、縦軸が予測値の散布図
ax = plt.gca()
ax.set_xlabel('True') # 横軸のラベル名
ax.set_ylabel('Predict') # 縦軸のラベル名
```

解答 ①df_diabetes.drop('target', axis=1)、②df_diabetes['target']、
③neg_mean_squared_error、④np.sqrt

　結果は以下のようになります（今回はモデルのランダムシードを指定していないの
で、結果が多少変わる場合があります）。

```
最適なハイパーパラメータ > {'min_samples_split': 4, 'n_estimators': 10}
モデル精度評価 > R2:0.15568910492312693 MAE:50.82008294545889
RMSE:65.62960307675067
```

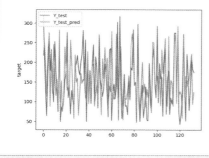 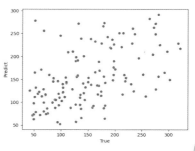

3-2-1 学ぼう!

機械学習は教師あり学習と教師なし学習に分けられる

◎ 教師データとは何か?

これまで、機械学習周辺の関連する用語などを整理してきました。人工知能と呼ばれる技術の中には、機械学習以外にも、テキストマイニングや検索エンジンなどの技術があり、機械学習にも深層学習や強化学習などの区別があることがわかりました。人工知能という単語で十把一絡げにしていますが、アルゴリズムの選択によって、得られる結果の内容が変わるため、**エンドユーザーがどのような結果を望んでいるか、ゴールを見据えた開発が極めて重要であること**が改めて理解できます。

さて、本節ではいよいよ機械学習について解説します。機械学習を勉強していると、**教師データ**という言葉が度々登場します。先ほど、学習とはどういうことかを説明する際にも、教師データという言葉を登場させました。そこでは、コンピュータに正解を教えるためにあらかじめ用意しておくデータであると述べました。教師データは画像のラベリングにとどまらず、様々な場面で作成することになります。

例えば、機械学習で有名な例(プログラミングの "Hello World" と同じくらいおなじみ)に、アヤメの品種を分類する問題があります。この分類問題では、花を区別するための特徴として、ガクの長さ、ガクの幅、花びらの長さ、花びらの幅の4種類の特徴量を用意します。コンピュータには、ガクと花びらがどの程度のサイズであればアヤメであるかを学習してもらう必要があります。その際に用意する教師データは、「ガクの長さ、ガクの幅、花びらの長さ、花びらの幅」のそれぞれのサイズと、それが「アヤメに該当するか否か」を示した一覧表になります。

このように教師データは、対象とする問題の回答(例:アヤメか否か)とその回答を得るための特徴量(例:ガクの長さ、ガクの幅、花びらの長さ、花びらの幅)をセットにして、コンピュータが学習するために必要となる根拠を

集めたリストということができます。

　図9には、犬とニワトリとハトを区別する際の教師データの例を示しました。ここでは、特徴量として「足の数」や「羽の有無」、「空を飛ぶかどうか」という値を用いて、それぞれの特徴に対応する回答（犬とニワトリとハトの区別）を教師データとして用意しています。

問題の回答	特徴量		
犬 or ニワトリ or ハト	足の数	羽の有無	空を飛ぶかどうか
犬	4	×	×
ニワトリ	2	○	×
ハト	2	○	○
犬	4	×	×
犬	4	×	×
ハト	2	○	○
ハト	2	○	○
ハト	2	○	○

問題の回答　　　特徴量のセット

⇒これらのそろったデータを教師データと呼ぶ

図9　犬とニワトリとハトを区別する際の教師データの例

◉ 教師あり学習と教師なし学習の違い

　機械学習は、教師データの有無によって教師あり学習と教師なし学習の2つに分けられます。

　教師あり学習とは、教師データを用いて学習プロセスを実行し、アルゴリズムを最適化させることで、未知のデータに対して分類や予測ができるようになるもののことです。事前に大量のデータが必要になるため手間はかかりますが、高速化や効率化によって大きな見返りを得られます。

　一方の**教師なし学習**は、教師データが存在しないような問題を扱う際に用いられます。私たちが気付かない規則性を発見する場合や、起きる確率が極めて低い事象を発見する際に用いられます。例えば、教師なし学習で取り上

げられる有名なたとえ話に、消費者の購買データを大量に収集し、教師なし学習を行った結果、おむつを買った人はビールを同時に買う傾向にあるという話があります。私たちは、おむつとビールを同時に購入するという規則性があることには通常気付きませんが、データ上で顕著な傾向として表れるようなものを発見する問題は教師なし学習で扱います。また、起きる確率が極めて低い事象は、異常値の発見などを指します。異常値は起こる確率が極めて低いことから、教師データは収集できず、正常値から外れている状態を異常と定義し、それを発見できるようなアルゴリズムを構築します。

　図10では、牛と魚の区別を例に教師あり学習と教師なし学習のイメージを示しています。

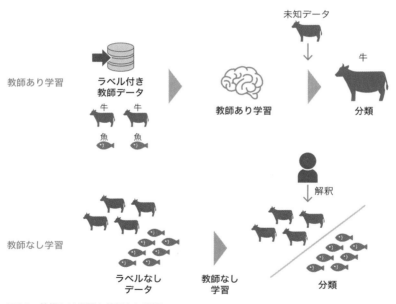

図10　教師あり学習と教師なし学習

　教師あり学習の場合には、事前に牛の特徴と魚の特徴を、教師データを用意して学習させます。例えば、足の本数であったり、鱗の有無であったり、海を泳ぐかどうかといった特徴量を整理し、牛か魚かを機械学習によって分類できるようにします。そして、未知のデータに対して、学習した結果をも

とに牛か魚かを判断するシステムを構築するのが教師あり学習です。

　一方の教師なし学習は、事前に牛と魚の大量のデータはありますが、事前学習は行わず、そのままアルゴリズムにデータを投入し、その結果を用いて解釈を加えます。牛と魚がアルゴリズムによって明確に境界線が引かれ、データがきれいに二分されれば解釈も容易になり、もとのデータに2つのカテゴリー（牛と魚）が含まれていたことがよくわかります。教師なし学習では、データの中に新たな発見ができる可能性がありますが、その発見が正しく解釈できるのか、また、その分類自体が正しいのかは結果を見て判断せざるを得ないのです。

◎ 半教師あり学習や自己教師あり学習もある

　機械学習を大きく二分すると教師あり学習と教師なし学習に分けられると説明しましたが、教師データを大量に集めることが難しい場合もおおいにあり得ます。そのため、教師データの量が少ない場合にも対応できるように教師あり学習を発展させる考え方も登場し、近年注目度が高まっています。それが、半教師あり学習や自己教師あり学習という考え方です。

　半教師あり学習は、教師あり学習と教師なし学習を組み合わせて学習する方法で、ラベル付きデータが少ない場合に有効なアルゴリズムです。教師あり学習では、教師データのすべてのデータに対して正解のラベルを付ける必要がありました。それに対し、半教師あり学習では、用意するラベル付きの教師データは、教師データのうちの一部です。そして、ラベル付きの教師データとラベルの付いていないデータを合わせて教師データとして学習を進める方法が、半教師あり学習です。教師あり学習より精度が落ちるのは避けられませんが、大量のラベル付きの教師データを集める必要がなく、注目を集めています。

　また、**自己教師あり学習**という考え方も登場しています。自己教師あり学習は、自分自身のデータを使ってモデルの精度を高め、出来上がったモデルに対して少量の教師データを用いた正規タスクを実行してアルゴリズムのチューニングを行うというものです。例えば、文章中の一部の単語をマスクして、そのマスクされた単語を予測するタスクは、文章が1つあれば問題と

解答をつくることができます。この学習方法は、生成AIの登場によって注目度が高まっています。

このように近年は必要な教師データが大規模化したことから、教師データが少なくなるようなモデルもたくさん研究されているのです。

◉ Pythonの「scikit-learn」の便利な アルゴリズム・チートシート

問題設定に対してどのようなアルゴリズムを選択してどのようなアウトプットを得るのか、その重要性は改めて説明するまでもありません。Pythonの学習を始める際には、そこでつまずきそうと考えてしまうかもしれませんが、Pythonでは、「**scikit-learn**」で使えるアルゴリズムをどのように選択すればよいかというチートシートが公開されています。このシートを見ることで、だいたいのアルゴリズムの選択ができるようになります。

例えば、先ほどの教師なし学習と教師あり学習の選択方法ですが、チートシートの中では、「labeled data」→「yes or no」とシンプルに記載されています。「labeled data」が「yes」の場合には、classification＝分類の問題として扱い、「no」の場合には、clustering＝クラスターへの分割の問題として取り扱うことが記載されています。

どのアルゴリズムを選択するかは、最終的には学習した結果、精度が高くなるアルゴリズムを選択することが最も重要なことですが、このチートシートを用いることで、的外れなアルゴリズムを選択することは防げるでしょう。図11にチートシートの概要を示しました。もとのデータについては、「scikit-learn Choosing the right estimator」と検索すると見つけられます（URL: https://scikit-learn.org/stable/tutorial/machine_learning_map/index.html）。

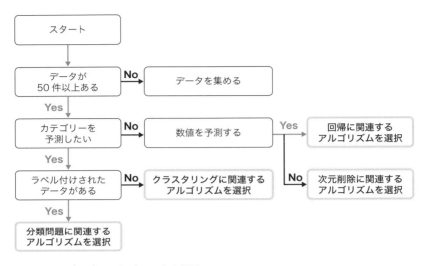

図11　アルゴリズムのチートシートの概要

◉ ハイパーパラメータの設定方法で 結果が大きく変わる機械学習

　次項以降では、機械学習の各アルゴリズムについて説明しますが、その前に、**ハイパーパラメータ**という言葉を紹介します。ハイパーパラメータをどう設定するかによって機械学習の精度が大きく左右されるので、非常に重要な要素のひとつです。

　アルゴリズムの詳細に触れずにハイパーパラメータを説明することは難しいため、ここでは、皆さんにもなじみの深い線形回帰の例を用いてハイパーパラメータを説明します。

　線形回帰とは、特徴量を表す x に対して y を予測するもので、次のような式を用います。

$$y = a_0 + a_1 x$$

　この式の a_0 と a_1 は**パラメータ**と呼ばれており、教師データ (x, y) を用いて教師あり学習によって a_0 と a_1 をチューニングし、最適な予測式を得るのが、

通常の学習の過程です。

ここでハイパーパラメータは何を指すのでしょうか。それは、a_0とa_1という パラメータを用いるという決め事自体のことです。先ほど、さも当然のように、$y = a_0 + a_1 x$という式を登場させました。しかし、線形回帰を表す式は、$y = a_1 x$という定数項のない式であっても構わないはずです。a_0とa_1というパラメータを用いるという決め事をしたことで、a_0とa_1の最適化の学習を行っただけであって、最初のパラメータがa_1だけであれば、a_1だけの最適化の学習を行うはずです。ハイパーパラメータの重要性は、図を書いてみれば一目瞭然で、a_0という項の有無によって精度が大きく変わってしまうのです（図12）。

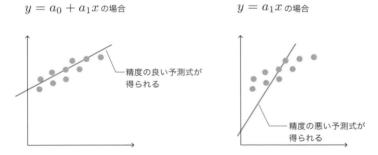

$y = a_0 + a_1 x$ の場合　　　　　　　　　　$y = a_1 x$ の場合

精度の良い予測式が得られる

精度の悪い予測式が得られる

図12　パラメータ数の違いによる線形回帰の精度の違い

このようにアルゴリズムを選択することに加え、**パラメータ数をどうするかというハイパーパラメータをチューニングすること**も機械学習を実施する上で非常に重要になります。ハイパーパラメータはしらみつぶしに試すのが通常行われている方法で、ハイパーパラメータの最適化もたくさんの時間を要する作業のひとつになっています。

分類問題を解くための
教師あり学習について学ぼう

◎ サポートベクターマシンを学ぼう

　ここからは、簡単に各アルゴリズムについて概要を説明します。まずは、分類問題を解くための教師あり学習の中から、代表的なものをピックアップして紹介します。

　分類問題を解くためのアルゴリズムのひとつに**サポートベクターマシン（SVM）**というアルゴリズムがあります。このアルゴリズムは、分類問題のうち、特に2つに分ける問題を解く場合に用いられます。例えば、今日着ていくべき服装は、半袖がよいか長袖がよいかという2択の問題について取り扱いたい場合です。

　データを2つに分けたいと考えた場合の最もシンプルなアプローチは、2つのグループの境界に線を1本引き、境界線の左右でカテゴリーに分けるやり方です。半袖と長袖の問題の場合には、気温や湿度などである閾値（例えば、気温20℃で湿度70%）を超えると半袖、閾値を下回る場合には長袖といった決め方は極めてシンプルで合理的なアプローチといえるでしょう。

　このようなシンプルなアプローチをとっているのがサポートベクターマシンです。サポートベクターマシンで引かれる境界線は、できる限り2つのグループを明確に分けられるよう、2つのグループの真ん中に引かれるように、データを用いた学習が行われます。

　半袖や長袖といった出力を**目的変数**（y）と呼び、気温や湿度といった入力を**説明変数**（x_i）と呼ぶとすると、境界線は次のような数式で表せます。

$$y = \sum_{i}^{n} w_i \bullet x_i + b$$

　ここで、$y \geq 1$なら半袖、$y \leq -1$であれば長袖としておけば、気温や湿度などの説明変数から自動的に適切な服装が選択できるようになります。このと

きに境界線を決定しているのが w_i や b の値です。先ほども述べた通り、 w_i や b は、できる限り分類が適切にできるよう、2つの分類の最も近いデータ同士の中央に境界線が表れる（マージンを最大化する）ように学習されます。これがサポートベクターマシンによる分類です（図13）。

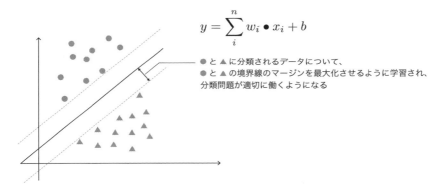

$$y = \sum_{i}^{n} w_i \bullet x_i + b$$

● と ▲ に分類されるデータについて、
● と ▲ の境界線のマージンを最大化させるように学習され、分類問題が適切に働くようになる

図13　サポートベクターマシンの考え方

　サポートベクターマシンの基本的な概念はこれまで説明してきた通りですが、この考え方を応用することで、複数の分類問題を解けるようにしたり、非線形な境界線を引けるようにしたりと、色々な派生アルゴリズムも登場しています。

木構造によって分類を行う
アルゴリズム決定木学習

　サポートベクターマシンは2つに分類する問題に対して、直感的にわかりやすいアルゴリズムでした。決定木は、複数の分類に対応できるアルゴリズムです。また、サポートベクターマシンと同様に直感的にわかりやすく、結果を説明しやすいことも大きな特徴のひとつです。

　決定木学習はその名の通り、木構造によって分類を行うアルゴリズムのことを指し、教師データによって適切に条件分岐を設定し、各条件に基づいて機械的に分類を行っていく考え方でつくられています。

　例えば、先ほどの半袖と長袖のどちらを選択するかという問題を考えます。半袖と長袖の基準のひとつに温度があるでしょう。気温が20℃を超えているという条件をもとに1つの分岐をつくり、半袖か長袖を選択するという条件で1つの条件分岐を設定できます。また、天気が雨か晴れかで1つの分岐をつくって半袖と長袖を選択することもできます。他にも湿度なども考えられるでしょう。これらの各分岐をたどっていくことで半袖と長袖の分類が完了する、といった考え方が決定木学習の考え方です。

　では、各条件はどのように設定するのでしょうか。それは、**教師データに基づいて、最も識別力が高い条件から順番に条件を設定すること**が合理的です。半袖か長袖かの選択の場合には、天気や湿度より気温のほうが識別力が高そうです。そのような識別力を**情報利得**という考え方に基づいて計算するのが決定木学習です。

　情報利得（IG）は**Gini係数**（G）という値を用いて、次のように計算できます。

$$IG = G(parent) - \sum_{children} \frac{N_j}{N} G(child_j)$$

また、Gini係数は次のように定義されます。

$$G = 1 - \sum_{i=1}^{class} [P(i|t)]^2$$

　つまり、情報利得は、条件分岐後のGini係数の平均と条件分岐前のGini係数の差を計算した結果を意味します。また、Gini係数は、1から各分岐の中にある各クラスの割合の平方和を引いた結果を表しています。

　すなわち、Gini係数が低ければ低いほどうまく分類ができており、分岐の前後でその変化が大きいほど情報利得が大きい、つまり識別力の高い条件が設定されているといえます（図14）。

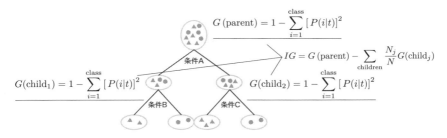

図14　決定木学習の考え方

◎ Gini係数と情報利得を計算する

　Gini係数と情報利得の計算方法はわかりましたが、計算式だけでは少しわかりづらいので、具体例を挙げて計算方法を解説します。

　例えば、先ほど例に出した、半袖を着ていくか長袖を着ていくかの2つのクラスを出力する問題を考えます。条件分岐前にはすべてのクラスが1つの集合として表されます。それぞれ半袖クラスと長袖クラスは、5つずつのデータがあるとしましょう。

　ここでは、条件分岐後にどのような分類になるかで、2つのパターンを考えます。

　パターン1は、条件分岐によって、半袖5長袖0、半袖0長袖5のデータに分類できた場合を考えます。その場合のGini係数と情報利得は、次のように計算されます。

$$G(parent) = 1 - \left(\left(\frac{5}{10} \right)^2 + \left(\frac{5}{10} \right)^2 \right) = \frac{1}{2}$$

$$G(child_1) = 1 - \left(\left(\frac{5}{5} \right)^2 + \left(\frac{0}{5} \right)^2 \right) = 0$$

$$G(child_2) = 1 - \left(\left(\frac{0}{5} \right)^2 + \left(\frac{5}{5} \right)^2 \right) = 0$$

$$IG = \frac{1}{2} - \frac{5}{10} \times 0 - \frac{5}{10} \times 0 = \frac{1}{2}$$

パターン2は、条件分岐によって、半袖4長袖3、半袖1長袖2のデータに分類できた場合を考えます。その場合のGini係数と情報利得は、次のように計算されます。

$$G(parent) = 1 - \left(\left(\frac{5}{10} \right)^2 + \left(\frac{5}{10} \right)^2 \right) = \frac{1}{2}$$

$$G(child_1) = 1 - \left(\left(\frac{4}{7} \right)^2 + \left(\frac{3}{7} \right)^2 \right) = \frac{24}{49}$$

$$G(child_2) = 1 - \left(\left(\frac{1}{3} \right)^2 + \left(\frac{2}{3} \right)^2 \right) = \frac{4}{9}$$

$$IG = \frac{1}{2} - \frac{7}{10} \times \frac{24}{49} - \frac{3}{10} \times \frac{4}{9} = \frac{1}{42}$$

IGが大きいほうが条件分岐として適切になるので、パターン1の条件分岐を採用することになります（図15）。

決定木は、このように条件分岐によって分類を行うので、非常にシンプルでわかりやすく、学習結果の構造を出力して表示することもできます。結果が説明できることは特定の分野では大変有効に働きます。

パターン1の場合の計算例
・パターン2も同様に計算し、情報利得の大きいほうを採用し、条件分岐の条件を決定する
・本文の例の場合、パターン1は2分の1、パターン2は42分の1が情報利得となり、
　パターン1の条件が採用される

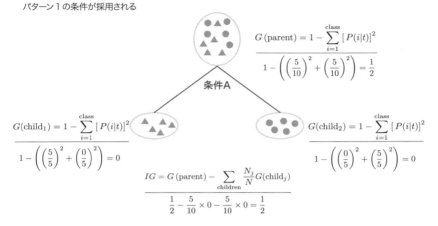

図15　Gini係数と情報利得の計算

ランダムフォレストで教師データによる偏りを解消する

　決定木は説明もしやすく、優れたアルゴリズムのように思えます。しかし、決定木学習にも弱点は存在します。それは、**学習の結果によって設定される各分岐の条件が、教師データに多分に影響を受けてしまうこと**です。

　例えば、先ほどの半袖と長袖の選択で考えてみましょう。気温や天気や湿度で場合分けすれば条件分岐がつくれそうなのは直感的にも明らかです。問題は、気温や天気や湿度を特徴量として、それぞれの特徴がどのような結果（半袖 or 長袖）を生むかという**ラベル付け**にあります。もし教師データとして集まったデータが暑がりの人ばかりのデータだった場合には、どうでしょう。気温が一般的には低めの状況であっても半袖のラベル付けがされている教師データがたくさん集まってしまいます。そうすると、寒がりの人にとっては、暑がりの人のデータで学習した人工知能は使いづらいことになってしまいます。逆に寒がりの人のデータがたくさん集まってしまったら、暑がりの人に

とっては使いづらい人工知能になります。このように、教師データによって、決定木学習の結果は使いづらいものになってしまうことがあるのです。

そこで利用されるのが、**ランダムフォレスト**というアルゴリズムです。これを用いると、決定木学習の弱点である教師データによる偏りを解消できます。

考え方は単純で、複数の教師データの集合を用意し、それぞれ別々に決定木学習を行い、複数の決定木を作成します。そして、分類したいデータに対して、その複数の決定木により分類を行います。そうすると、複数の分類結果を得ることができますが、最終的には多数決をとることでアウトプットを得ます。

このようにすることで、寒がりの人のデータで学習した決定木と暑がりの人のデータで学習した決定木とそれらが入り交じった決定木というように複数の決定木が出来上がり、最終的にちょうどよい具合に半袖と長袖を選べるようになるのです（図16）。

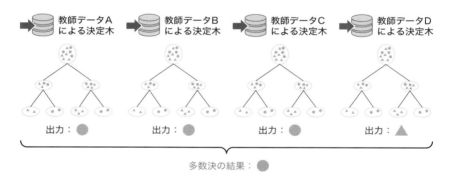

図16　ランダムフォレストの考え方

ナイーブベイズ推定を学ぶ

ナイーブベイズ推定は、過去のデータから確率の考え方によって分類するアルゴリズムです。このアルゴリズムでは、**ベイズの定理**と呼ばれる次の式を用います（図17）。

$$P(B|A) = \frac{P(A|B)P(B)}{P(A)}$$

求めたい値：$P(B|A)$
A事象が起きた $P(A)$ ときのB事象の確率

$P(B|A) \times P(A)$

求めやすい値：$P(A|B)$
B事象が起きた $P(B)$ ときのA事象の確率

$P(A|B) \times P(B)$

⇒ベイズの定理

$$P(B|A) \times P(A) = P(A|B) \times P(B)$$

$$P(B|A) = \frac{P(A|B)P(B)}{P(A)}$$

求めやすい値から求めたい値を導くやり方

図17　ベイズの定理のイメージ

　$P(B|A)$とは、Aという事象が起きたときのBの起きる確率です。例えば、晴れの日で気温25度、湿度50％という事象Aが起きたときに半袖を着るという事象Bの起きる確率のことです。私たちが知りたいのは、湿度と気温が与えられたときに、半袖と長袖のどちらを着るべきかという問題です。

　しかし、それ自体を直接的に求めることは難しい場合が多いです。その場合、経験をもとに、過去どれくらいの割合で半袖と長袖を着ていたか、また、半袖を着た日の天気はどうだったか、そのような天気はどれくらいの頻度で起きていたかがわかると、見当がつきそうです。このような考え方を式で表しているのが、$\frac{P(A|B)P(B)}{P(A)}$ の式です。この値を求めることで、$P(B|A)$が間接的に求められるのがベイズの定理のいわんとしていることです。

　先ほど述べたことについて、もう少し細かく式の中を見ていきます。

　分母の$P(A)$は、教師データの中で、「晴れの日で気温25℃、湿度50％」という事象が起きた日の割合を示しています。例えば、100日分の天気と気温と湿度のデータがあった場合に、「晴れの日で気温25℃、湿度50％」というデータが何日あったかという割合です。

　$P(B)$は教師データの中で、「半袖」の日の割合を表します。半袖の日と長袖の日がそれぞれ何日あったかを数えればわかります。

$P(A|B)$ は、半袖を着た日のうち、晴れの日で気温25℃、湿度50%だった日の割合を意味しています。

これらはいずれも教師データの中から計算でき、その結果、湿度と気温が与えられたときに、半袖か長袖のどちらを着るべきか（$P(B|A)$）という問題を解くことができます。

このように確率的に計算するのがナイーブベイズ推定です。「晴れの日で気温25℃、湿度50%という事象A」が起きたときの半袖または長袖という事象Bが起きる確率をそれぞれ計算し、どちらのほうが確からしいかを計算し、確率が高いほうが予測結果となります。

◎ ニューラルネットワークを学ぶ

ニューラルネットワークは、機械学習の中で最も聞きなじみのあるアルゴリズムといってよいでしょう。人間の脳の神経回路の構造を数学的に模して表現したものといわれています。

ニューラルネットワークのアルゴリズムの詳細に入る前に、少し神経細胞の話をしておきます。人間の脳の中にある神経細胞は、数百億個ともいわれています。神経細胞は、細胞体と軸索という2つの部分から構成されています。神経の活動は、細胞体にある樹状突起で受け渡され、軸索を通って、別の神経細胞へと受け渡されます。脳の中ではたくさんの脳細胞が、常に神経の活動を互いに受け渡すことで私たちの活動を支えています。

ニューラルネットワークは、このような神経細胞のイメージを模式的に表したものです。細胞体にあたる部分が入力や出力のデータ項目（パーセプトロンと呼びます）を表しており、神経細胞の軸索にあたる部分は、各データをどのように足し合わせるのかという関係性と重み付けが表現されています。最も簡単なニューラルネットワークは**入力層**と**隠れ層**と**出力層**という3つの層から構成されており、隠れ層を増やしていくことで、多層のニューラルネットワーク（最終的には深層学習と呼ばれます）を表現できるようになっています（図18）。

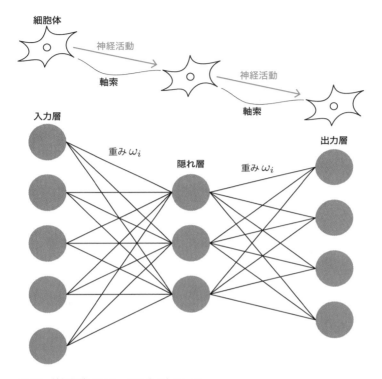

図18　神経細胞とニューラルネットワーク

◉ ニューラルネットワークのアルゴリズム

　これまでのアルゴリズムは、境界線を引いて分類したり、条件分岐によって分類したり、過去の事象の確率に基づいて分類したりと、直感的で理解しやすいアルゴリズムでした。

　一方、ニューラルネットワークは、入力層と隠れ層と出力層の3層から構成されており、各要素の重み付け和などで構成されていることから、入力と出力からでは内部のロジックがわかりづらい構造をしています。そのロジックのわかりづらさがまさに"知能"のようなものを表していることから、注目を集めている側面もあるでしょう。

　また、ニューラルネットワークの大きな特徴のひとつに**非線形変換**があり

ます。重み付け和を実行するだけでは線形変換を行っているにすぎませんが、重み付け和を計算した後に活性化関数を実行することで、各ニューロンで重要な値とそうでない値を自動的に区別するような計算が行われています。それによって、一層、入出力の対応関係がわかりづらくなっています。ニューラルネットワークでは、非線形変換によって学習の柔軟性は高まるものの、出力された結果が、なぜそのような結果になったのか説明することが難しくなるのは大きな欠点のひとつといえます。

　それでは、線形変換と活性化関数について具体的に説明していきます。

　線形変換は、次の式で表される変換です。

$$y_j = \sum_{i=1}^{n} x_i \bullet \omega_{ij} + b$$

　入力 $x_1 \sim x_n$ に対して、重み $\omega_{1j} \sim \omega_{nj}$ を掛けて足し合わせ、さらに定数を足して出力する式です。$_{1jnj}$出力 y_j は隠れ層と呼ばれており、隠れ層のパーセプトロン j の個数は任意に設定できます。学習プロセスは、重み $\omega_{1j} \sim \omega_{nj}$ を学習することで、出力を調整します。

　活性化関数は、y_j に対して適応する関数です。シグモイド関数やReLU関数、tanh関数などが有名で、どの活性化関数を選ぶかも学習では重要な要素になります。

　シグモイド関数は次の式で表され、0から1の範囲の出力になります。

$$\sigma(x) = \frac{1}{1 + e^{-x}}$$

　ReLU関数は次の式で表され、正の値をそのまま出力し、負の値をすべて0に出力する関数です。

$$ReLU(x) = max(0, x)$$

　tanh関数は次の式で表され、出力は-1から1の範囲に限定されます。

$$tanh(x) = \frac{e^x - e^{-x}}{e^x + e^{-x}}$$

　このような活性化関数を線形変換の結果に対して適用することで非線形な変換を実現し、結果に対して重要なパーセプトロンとそうでないパーセプトロンとを区別します。そして、隠れ層の結果を再び線形変換と活性化関数で出力層へと変換して分類するのがニューラルネットワークです（図19）。

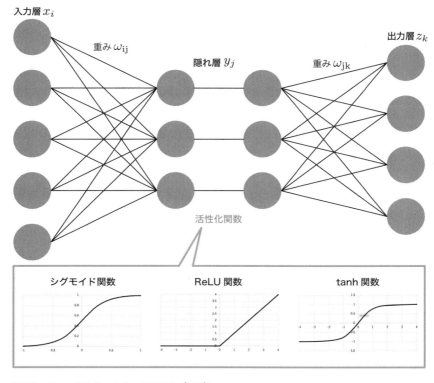

図19　ニューラルネットワークのアルゴリズム

　ニューラルネットワークは深層学習でも用いられていますが、隠れ層のパーセプトロン j の個数は、典型的なハイパーパラメータです。他にも、活性化関数の選択方法や隠れ層を何層にするかなど、調整可能な要素が多く、色々な試行を重ねながら精度を高めていく必要があるアルゴリズムといえます。

◉ k近傍法を学ぶ

　教師あり学習の分類問題に関するアルゴリズムで最後に紹介するのが、**k近傍法**（k-NN）というアルゴリズムです。k近傍法は、近い値のデータをグループ化しようとするアルゴリズムです。例えば、①気温20℃湿度40％、②気温30℃湿度80％、③気温31℃湿度75％、④気温19℃湿度30％の4つのデータがあった場合には、①と④のデータが似ていて、②と③のデータが似ていることを数学的に明らかにして、グループ分けしようとする取り組みです。

　では、データが似ているとはどのようなことを示しているのでしょうか。先ほどの①と④のデータでいえば、どちらも気温が20℃付近で、湿度が低めであることから似ていると私たちは判断しています。逆に②と③は気温が高く、湿度が高いグループに属します。これらの感覚的に近いものを表現するために、数学の世界では、例えば**ユークリッド距離**というものが提案されています

　ユークリッド距離は、次の式で表せます。

$$d = \sum_i \sqrt{(x_i - y_i)^2}$$

①〜④の値を使って計算すると、①と②の距離は、次のように表せます。

$$d_{①-②} = \sqrt{(30 - 20)^2 + (80 - 40)^2} = 41.2$$

同様に、①と③の距離は、次のように表せます。

$$d_{①-③} = \sqrt{(31-20)^2 + (75-40)^2} = 36.7$$

同様に、①と④の距離は、次のように表せます。

$$d_{①-④} = \sqrt{(19-20)^2 + (30-40)^2} = 10$$

　これらの結果から、①と④の距離は②や③に比べると近いことがわかります。

　k近傍法では、未知のデータと既知のデータのユークリッド距離を計算し、距離が小さいものから順にk個のデータを取り出し、その分類から多数決で未知のデータの分類を求めます。例えば、未知のデータとして、気温25℃、湿度80%というものが与えられたときに、先ほどの例のように、①～④とのユークリッド距離を計算し、①と④のグループに近いのか、②と③のグループに近いのかを明らかにします。同一カテゴリーに所属するものは、ユークリッド空間上で密集して存在する可能性が高いことから、距離が短いものに分類するのは、わかりやすい分類方法といえるでしょう（図20）。

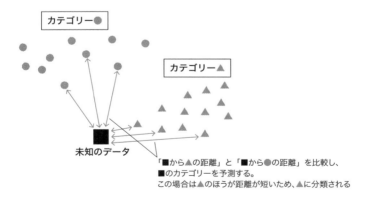

図20　k近傍法のイメージ

数値データを予測する
教師あり学習について学ぼう

◎ 非線形な関数に応用する

　数値データを扱う際に最も一般的に用いられているのが**回帰分析**と呼ばれる手法でしょう。私たちに最もなじみが深く、すでにハイパーパラメータの説明の際にも、回帰分析の代表例である線形回帰については例示しました。

　回帰分析は、Excelでデータ整理する際にもおおいに利用します。例えば、気温と飲み物の売上の関係性を調べようとしたときに、気温を横軸、飲み物の売上を縦軸にして散布図をプロットしたのち、近似直線を描画することは一般的によく行われている方法ではないでしょうか。相関があった場合には、天気予報で気温が高くなる予報が出れば飲み物の調達量を増やそう、気温が低くなる予報が出れば飲み物の調達量を減らそう、という意思決定ができますし、日々そのように行動していると思われます。

　このような回帰分析を定式化すると、目的変数 y、説明変数 $x_1 \ldots x_n$ を用いて次のような式で表せます（ハイパーパラメータの説明の際には説明を簡単にするために説明変数を1つにしましたが、複数でも大丈夫です）。

$$y = a_0 + a_1 x_1 + a_2 x_2 + \ldots + a_n x_n$$

　線形回帰の問題は教師データを用いることで、$a_0 \ldots a_n$ の最適値を求め、未知の $x_1 \ldots x_n$ に対して y を予測する問題と捉えられます。

　回帰分析は、これまでに説明してきたような線形回帰分析の考え方に加え、非線形な関数にも応用しようという考え方もあります。それが**非線形回帰**です。x の階乗を含めた分析を行う多項式回帰やシグモイド関数を用いた分析を行うロジスティック回帰などが代表例です。多項式回帰にすることで、教師データに対する誤差は減らせますが、一方で教師データに過度に依存して、新規のデータを与えた際の誤差が大きくなる可能性があり、過度な学習には注意する必要があります（図21）。

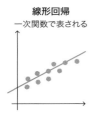

線形回帰
一次関数で表される

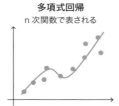

多項式回帰
n 次関数で表される

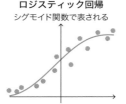

ロジスティック回帰
シグモイド関数で表される

図21　様々な回帰分析

時系列予測のひとつMAモデル

　数値データを扱う問題のひとつに**時系列予測**があります。近年では、深層学習を用いた時系列データ予測の手法がいくつか登場しており、文章生成AIも時系列予測の技術を取り入れており、注目度の高い技術のひとつです。ここでは、深層学習を用いられないアルゴリズムをいくつか紹介します。

　時系列予測のアルゴリズムの代表的なものとして、**MAモデル**と**ARモデル**があります。

　MAとはMoving Averageの略で、日本語では移動平均モデルと呼ばれています。時系列のデータの遷移はノイズによって生み出されるという前提を置いて考えているモデルです。すなわち、t秒の時間の値は$t-1$秒の値からノイズによる変動が起きて出現する考え方です。しかし、それだけではランダムな揺らぎ表現になるだけです。そこで、値の変動はt秒に発生したノイズだけでなく、$t-1$秒以前に発生したノイズからの影響も受けて変動すると考えます。式で表すと次のようになります。

$$y_t = a + \epsilon_t + \sum_{k=1}^{q} \theta_k \bullet \epsilon_{t-k}$$

　この式は、t秒の時間における値が、定数aとt秒の時間におけるノイズϵ_tおよびそれ以前の時間におけるノイズの重み付き和で表せる式です。どれくらい過去のノイズを考慮するか（qの値）をMA(q)という形で表します。$t-1$秒まで考慮する場合にはMA(1)、$t-2$秒の場合にはMA(2)と表現します（図22）。

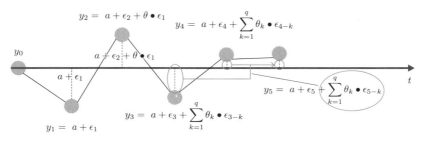

図22　MAモデルのイメージ

◎ 時系列予測のARモデル

　時系列予測の代表例の2つ目が**ARモデル**です。ARとはAutoregressive
の略で、日本語では自己回帰モデルと呼ばれています。

　ARモデルは式を見たほうが理解が早いかもしれません。t秒の時間の値
は、$t-1$秒より以前の値の重み付け和によって表現される考え方で、式で表
すと次のようになります。

$$y_t = a + \epsilon_t + \sum_{k=1}^{p} \varphi_k \bullet y_{t-k}$$

　この式は、一見するとMAモデルと同じに見えます。しかし、よく見る
とϵ_{t-k}がy_{t-k}に置き換わっています。MAモデルはノイズに着目していまし
たが、ARモデルは値自体に着目しているといえます。つまり、ARモデルで
は、t秒の時間の値は$t-1$秒より以前の値に影響を受けて変動しているとい
う考え方です。ARモデルもMAモデルと同様、どれくらい過去のことを考慮
するのかによって、AR（1）やAR（2）という表現をします（図23）。

数値の変動が過去の値の重み付き和で表される

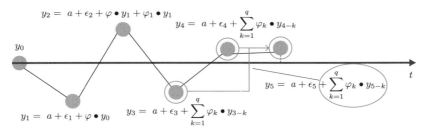

図23　ARモデルのイメージ

　ここまでMAモデルとARモデルという代表的な2つのアルゴリズムを紹介しました。それぞれノイズを利用した予測と、値自体を利用した予測という特徴がありました。これら2つの特徴、どちらを使ってもよいのではないかという発想も自然に湧いてくるものです。実際に、MAモデルとARモデルを組み合わせたARMAモデルやARIMAモデルなどのアルゴリズムも提案されています。

　また、時系列予測は、t秒の値が$t-1$秒の値に影響されているのは直感的に正しいのですが、現実社会では長周期の変動も考慮する必要があります。例えば、飲料の需要予測などでは、夏場は冷たい飲み物の売上が上がり、冬場は温かい飲み物の売上が上がりますが、直近の売上だけを見ていては予測できない変動が発生します。そのような長期的な変動を組み込んだアルゴリズムも提案されており、時系列予測も掘り下げると奥が深いテーマのひとつです。

新たな知見を得ることができる 教師なし学習について学ぼう

教師なし学習のひとつ主成分分析

先ほどまでは教師あり学習に関するアルゴリズムを紹介してきました。次に、教師なし学習のアルゴリズムをいくつか紹介します。教師なし学習は、規則性などがあらかじめわかっていない問題に対し、何らかの規則性を見つけてくる問題を扱うものです。

教師なし学習のひとつに**主成分分析**があります。主成分分析の主成分とは、データの情報を最もよく表す座標軸のことを指します。

これだけではよくわからないので、簡単な例で説明します。例えば、$(1, 1)$ $(2, 2)$ $(3, 3)$ という3つのデータがあります。この3つのデータは2次元の情報で、1つ目の成分（x 座標系と呼ぶことにします）も、2つ目の成分（y 座標系と呼ぶことにします）も、1、2、3と1つずつ増加していることがわかります。

仮に、このデータを $y = x$ の座標系で考えた場合にはどうなるでしょうか。それぞれのデータは、$(\sqrt{2}, 0)$ $(2\sqrt{2}, 0)$ $(3\sqrt{2}, 0)$ のように座標変換されることになります。こうすることで、このデータは、2つ目の成分のデータがすべて0になり、1次元の情報へと縮約されることになります。そして、それぞれのデータは2倍、3倍と増加しているような値であることがわかります。

このように、主成分分析は、最も特徴を捉えている、すなわち分散の最も大きな座標軸にデータを縮約することで、元データの情報量をなるべく保ったままデータの次元を削減して分析を行う手法です。データの次元が高次元になればなるほど計算コストも高くなっていくため、主成分分析などでデータの次元を縮約しながらデータの特徴を捉えていくことも重要なアプローチのひとつになっているのです（図24）。

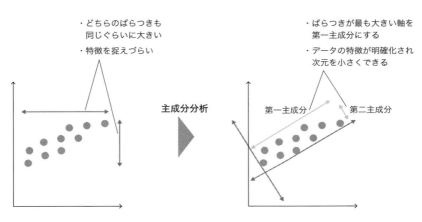

図24　主成分分析のイメージ

クラスタリングの代表例
階層的クラスタリング

　先ほどは、大量の高次元データから次元削減を行い、特徴を明らかにするための手法である主成分分析について説明しました。

　ここからは、データから特徴を抽出する**クラスタリング**について説明します。大量のデータがある場合、私たちは何らかの法則性をもとにデータを分割し、わかりやすく説明できるようにしたいと思うのが常です。そこで、データを一定のルールの下で機械的に分割していき、大量のデータをいくつかの群（クラスター）に分けるクラスタリングという方法がいくつか提案されています。

　その代表的な手法のひとつに**階層的クラスタリング**があります。この手法は、データ同士を比較して、距離が近いものをひとまとまりのクラスターとして表現するものです。距離の近いものをクラスター化する（あるいは大きなクラスターに組み込む）作業を繰り返すことで、複数のクラスターを階層的に表現でき、最終的にすべてのデータを1つのまとまりとして表現できます。例えば、A (1, 1) B (1, 2) C (3, 3) D (3, 4) という4つのデータがあった場合には、AとBを1つのまとまり、CとDを1つのまとまりとし、最終的にABとCDをまとまりとして階層的に表現するアプローチです。1つのデー

タからクラスターを積み上げていくアプローチをとっており、最もシンプルでわかりやすいクラスタリングの手法といえるのではないでしょうか（図25）。

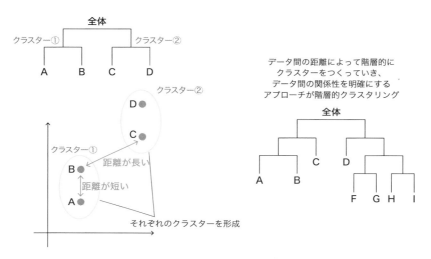

図25　階層的クラスタリングのイメージ

　ここで、ABとCDというクラスターを構成した際の、ABというクラスターとCDというクラスターの距離の測定方法にはいくつかの方法があります。1つ目は、**最近隣法**です。これは、クラスターを構成する要素のうち距離が最も近いものの距離をクラスター間の距離と定義するもので、ここではBとCの距離を指します。また、**最遠隣法**という方法もあります。これは、最も遠いAとDの距離をクラスター間の距離と定義する方法です。他にも、重心を用いる**重心法**など多様な方法が提言されています。教師なし学習には確たる正解がないため、いくつかの手法を試してみて、最も説明がつきやすいクラスターが構成されたものを正解として扱ってください（図26）。

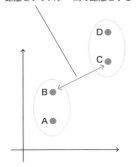
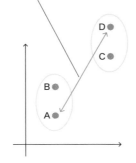
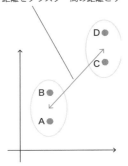

図26 クラスター間の距離

⦿ k-meansクラスタリングを学ぶ

　階層的クラスタリングは、1つ1つのデータに着目して、下から積み上げていくことから、シンプルでわかりやすいアルゴリズムである一方、データ量が増えると計算量も膨大になっていく欠点があります。

　そこで、階層的クラスタリングに対して、**非階層的クラスタリング**という手法が提案されています。代表例のひとつに**k-means クラスタリング**があります。

　この方法では、次のようなステップで計算を進めます。

①最初に分割したいクラスターの個数 k を定める

②k 個のデータ $a_1, a_2 \cdots a_k$ をつくる

③k 個のデータと、クラスタリングしたい対象データのそれぞれの距離を計算し、各データは $a_1, a_2 \cdots a_k$ のうち最も距離が近いデータとクラスター $C_1, C_2 \cdots C_k$ を形成する

④各クラスターの重心を計算し、計算した重心の値で、$a_1, a_2 \cdots a_k$ を更新する

⑤④のプロセスまで進み、$a_1, a_2 \cdots a_k$ が更新されると、各データ

と $a_1, a_2 \cdots a_k$ の距離が変わり、形成されるクラスター $C_1, C_2 \cdots C_k$ も変わるため、④のプロセスまで進んだら再び③を実行し、③と④を繰り返して最終的に $a_1, a_2 \cdots a_k$ が更新されなくなったところで、クラスタリングを終了する

　このプロセスでは、k 個のデータと対象データの距離しか計算しないため、計算量の増大を防げます。また、クラスターの重心が動かなくなるまでクラスタリングの計算結果を更新していくことから、分割の境界がわかりやすいようなデータを扱う場合には、感覚的に確からしい結果が得られそうです。ハイパーパラメータとして何個のクラスターを構成したいかをあらかじめ決めておく必要があることや、最初の重心 $a_1, a_2 \cdots a_k$ の選択に恣意性があり、それ次第ではまったく異なるクラスターを構成してしまう弊害はありますが、データの特徴を捉えたい場合には有効な手法のひとつになり得るでしょう（図27）。

2つのクラスターに分ける場合のk-meansクラスタリングの方法

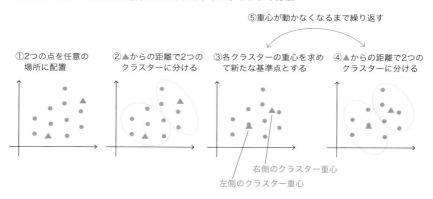

図27　k-meansクラスタリングのイメージ

第3章のまとめ

- 人工知能は、機械自身で思考や判断ができる「強い人工知能」と、特定のタスクを行うことに特化した「弱い人工知能」に二分できる
- 人工知能の分野では、学習という言葉が頻繁に用いられ、代表的なものに「機械学習」「深層学習」「強化学習」が存在する
- 機械学習は、教師データの有無によって、「教師あり学習」と「教師なし学習」に二分できる
- 教師データとは、特徴量とその特徴を有するデータの正解ラベルを設定したデータセットのことを指す
- 学習する際にあらかじめ決めておくパラメータをハイパーパラメータと呼び、ハイパーパラメータの調整によって精度の良し悪しも左右される
- 分類問題を解くための機械学習には、サポートベクターマシン、決定木学習、ランダムフォレスト、ニューラルネットワーク、k近傍法などのアルゴリズムがある
- ニューラルネットワークは線形変換を行った後、活性化関数を用いることで非線形変換を実現している
- 数値データを予測する機械学習には、線形回帰、時系列データを予測するMAモデルやARモデルなどのアルゴリズムがある
- 教師なし学習には、主成分分析、階層的クラスタリング、k-meansクラスタリングなどのアルゴリズムがある

3

Q1 1つの人工知能で幅広いタスクに対応できる人工知能は何と呼ばれていますか?

    (A) 汎用型人工知能

    (B) 深層学習

    (C) ChatGPT

    (D) 強化学習

Q2 検索エンジンを構成する技術で、最適な検索結果を得るための技術を何と呼ぶでしょうか?

    (A) テキストマイニング

    (B) TF-IDF

    (C) クラスタリング

    (D) オントロジー

Q3 決定木学習で、条件分岐に設定される条件はどのように決められるでしょうか?

    (A) Gini係数が大きくないように設定される

    (B) ベイズの定理により設定される

    (C) 活性化関数により設定される

    (D) 情報利得が大きくなるように設定される

Q4 データの次元を縮約するために用いられる手法を何と呼ぶでしょうか?

    (A) 主成分分析

    (B) ナイーブベイズ推定

    (C) 強化学習

    (D) ARIMAモデル

解答　**A1.** A

    A2. B

    A3. D

    A4. A

Chapter

04

ディープラーニングについて学ぼう

〜深い層のニューラルネットワークが人工知能をつくる〜

私たちの身近に感じられるようになった人工知能の多くは、ディープラーニング（深層学習）という技術が基礎になっています。

本章では、そのディープラーニングの名を広めるきっかけになった「畳み込みニューラルネットワーク」から、その学習アルゴリズムやその応用、さらには昨今話題になっている「生成系AI」について紹介します。

やってみよう！

画像を扱うことが得意な畳み込みニューラルネットワークについて学ぼう

　現在、画像認識でよく用いられる畳み込みニューラルネットワーク（Convolutional Neural Network、以下、CNN）というアーキテクチャを用いて画像を分類するまでの流れについて、実際に一通りコーディングしていきましょう。ここではアーキテクチャの中身についてはあまり深く考えず、どんなライブラリを使って、どういうコードで実装できるかを、手を動かしながら学んでいきます。

Step1　MNISTのデータセットの訓練データを表示させよう

　画像系の機械学習用データセットの代表的なものとしてMNISTのデータセットがあります。このデータセットは手書きで書かれた0〜9の数字を画像化したものと、その画像の正解ラベル（数字）で構成されています。データセットの規模としては、6万個の訓練データと1万個のテストデータが含まれ、1つ1つの画像データにラベルが付与されています。
　まずは、「Torchvision」というライブラリを用いてMNISTの画像データセットの訓練データを読み込んで表示させましょう。コメント文を参考に、次のコードの（　）内を埋めて実行してみましょう。

```
import torchvision
from torchvision import datasets, transforms
import matplotlib.pyplot as plt

train_dataset = datasets.MNIST(
    './data', # 保存先ディレクトリパス
    train = (  ①  ), # 訓練データを取得
    download = (  ②  ), # データが存在しないときにダウンロードする
    transform = (  ③  ) # テンソルへの変換
)
(  ④  ) = train_dataset[0] # 訓練データの先頭の1枚の画像データとラベルを取得
plt.imshow((  ⑤  ).view(-1,28), cmap='gray') # 画像を表示させる
```

4

解答 ①True、②True、③transforms.ToTensor()、④img, _、⑤img

　実行すると、右のような数字画像が表示されたかと思います。これはコメント文にもあるように、訓練データセットの先頭の画像データを可視化したものです。
　Step1ではデータセットの先頭の画像のみを取得して可視化しました。これによりデータセットの中身を1つずつ取得する方法は習得できました。

Step2 ミニバッチ内の画像データを可視化してみよう

　Step2では、データセットの中身を一度に複数取得する処理を実装していきます。これは、CNNのようなディープラーニングでは一般的にデータセットを小さなグループに分割して学習させていくミニバッチ化という処理が必要なためです。
　Step1で扱ったMNISTのデータセットをPyTorchの「DateLoader」というクラスを用いてそのミニバッチ化という処理を行い、ミニバッチ内の画像データを可視化してみましょう。ここではミニバッチのサイズを64個に設定します。同じように（　）内を埋めて実行してみましょう（Step1の処理は省略）。

```
# データローダー設定
train_dataloader = torch.utils.data.DataLoader(
    train_dataset, # 訓練データセット
    batch_size = (  ①  ), # ミニバッチのサイズ
    shuffle = True
)

images, labels = (  ②  ) #1 バッチ分の画像データとラベルを取得

#1 バッチ分の画像データをグリッド上に並べて1つの画像にする
disp_image = torchvision.utils.(  ③  )

imshow(disp_image) # 画像を表示
```

解答 ①64、②next(iter(dataloader))、③make_grid(images)

　右のように8×8のグリッドで数字が並ぶ形で表示されたら成功です。

　ここまでで学習させるデータセットの基本的な準備はできました（実際には学習時に標準化という前処理をしますが、ここでは割愛します）。次に、学習させるモデルの定義をしてみましょう。

Step3 構成されるモデルをPyTorchのクラスで定義しよう

　Step2では、ミニバッチ内のデータを取得しました。このデータをモデルに入力させるためには、モデルの構成を設計し、それに基づいて実装をする必要があります。では、実際に次ページのモデルの構成図をもとに実装してみましょう。

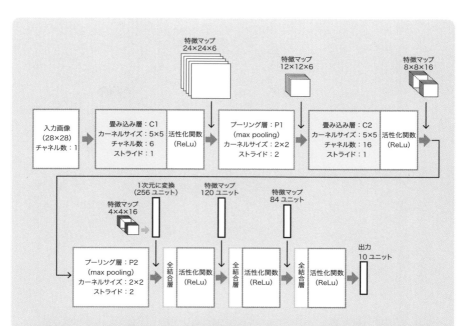

図のモデルはLeNetという初代CNNに近いネットワーク構造になっています。
モデルはclassを使って定義します。classの中身について構成図を参考にしなが
ら空欄を埋めてみましょう。

```python
from torch import nn

class Model(nn.Module):
    def __init__(self, n_classes=10):
        super(Model, self).__init__()
        self.conv1 = nn.Conv2d(in_channels=1, out_channels=6, kernel_
size=5, stride=1)
        self.relu1 = nn.ReLU()
        self.pool1 = nn.MaxPool2d(kernel_size=2, stride=2)
        self.conv2 = nn.Conv2d(in_channels=6, out_channels=16, kernel_
size=5, stride=1)
        self.relu2 = nn.ReLU()
        self.pool2 = nn.MaxPool2d(kernel_size=2, stride=2)
        self.fc1 = nn.Linear(256, 120)
        self.relu3 = nn.ReLU()
        self.fc2 = nn.Linear(120, 84)
        self.relu4 = nn.ReLU()
        self.fc3 = nn.Linear(84, n_classes)
```

```
        self.relu5 = nn.ReLU()

    def forward(self, x): # 順伝搬の定義（※ミニバッチサイズ N の入力を想定）
        x = self.conv1(x) # 出力：(N, 6, 24, 24)
        x = self.relu1(x) # 活性化関数




        return x
```

解答例 x = self.maxpool1(x) # 出力：(N, 6, 12, 12)
x = self.conv2(x) # 出力：(N, 16, 8, 8)
x = self.relu2(x) # 活性化関数
x = self.maxpool2(x) # 出力：(N, 16, 4, 4)
x = x.view(x.shape[0], -1) # 出力：(N, 256)
x = self.fc1(x) # 出力：(N, 120)
x = self.relu3(x) # 活性化関数
x = self.fc2(x) # 出力：(N, 84)
x = self.relu4(x) # 活性化関数
x = self.fc3(x) # 出力：(N, num_classes)
x = self.relu5(x) # 活性化関数

Step4 Step3で定義したモデルで実際に学習してみよう

　Step1〜3でデータセットの取得、データセットのミニバッチ化とモデル定義
が終わりました。あとはこれを学習させて、精度を評価するだけです。早速Step3
で定義したモデルで学習させていきましょう。

　ここではMNISTの画像データから、その画像の数字を予測します。今回、ハイ
パーパラメータの調整はしないため、データセットは訓練データと評価データの2
分割にします。また、学習回数（epoch数）は10回とします。最後に学習させた
モデルを保存します。なお、Step1〜3のコードは省略します。（　）内を埋めて
実行してみましょう。

```python
import torch
from torch.nn import CrossEntropyLoss
from torch.optim import SGD

data_n = len( (  ①  ) ) # 全訓練データ数（評価データを含む）
train_n = int(data_n * 0.8) # 訓練データ数（評価データを含まない）

# 訓練データと評価データに分割
val_dataset = Subset(train_dataset , [i for i in range( (  ②  ) , data_n)])
train_dataset = Subset(train_dataset , [i for i in range(0, (  ②  ) )])

# データローダー設定
train_dataloader = (※ Step1 参照)
val_dataloader = torch.utils.data.DataLoader(
    val_dataset, # 評価データセット
    batch_size = 64, # ミニバッチのサイズ
    shuffle = True
)

device = 'cuda' if torch.cuda.is_available() else 'cpu' # 使用可能な GPU がなけ
れば CPU 使用
model = Model().to(device) # モデル設定
optimizer = SGD(model.parameters(), lr=1e-1) # 最適化関数の設定
loss_func = CrossEntropyLoss() # 損失関数定義 ( 誤差算出方法 )
all_epoch_n = 10 # 総エポック数（学習回数）

for _n_epoch in range(all_epoch_n): # 学習回数分ループ
    # 訓練
    model.train()
    for X_train, Y_train in (  ③  ) : # ミニバッチサイズで訓練データを取り出す
        X_train, Y_train = X_train.to(device), Y_train.to(device)
        optimizer.zero_grad() # 勾配初期化
        pred_Y_train = model(X_train) # 訓練データ予測
        loss = (  ④  )(pred_Y_train, Y_train) # 損失評価
        (  ⑤  ) # 誤差逆伝搬計算
        optimizer.step() # 重み更新
    # 評価
    correct_n = 0 # 正しく予測できた数を格納する変数の初期化
    model.eval()
    with torch.no_grad():# 勾配を計算しない
        for X_val, Y_val in (  ⑥  ) : # ミニバッチサイズで評価データを取り出す
            X_val, Y_val = X_val.to(device), Y_val.to(device)
            Y_val_pred = model(X_val).detach() # 評価データを予測
            # 正解数を合計
            correct_n  += np.sum(Y_val_pred.cpu().numpy() == Y_val.cpu().
            numpy())
```

```
acc = correct_n / (  ⑧  ) # 精度（正解率）を計算
print(f'epoch: {_n_epoch} accuracy: {acc}')
os.makedirs("models", exist_ok=True) # 「models」フォルダが作成されていなかった
ら作成
torch.save(model. state_dict(), 'models/mnist_model.pth') # モデルを保存
```

解答 ①train_dataset、②train_n、③train_dataloader、④loss_func、
⑤loss.backward()、⑥val_dataloader、⑦-1、⑧len(val_dataset)

結果例は以下になります。

```
epoch: 0 accuracy: 0.85175
epoch: 1 accuracy: 0.86525
epoch: 2 accuracy: 0.8723333333333333
epoch: 3 accuracy: 0.8771666666666667
epoch: 4 accuracy: 0.9845
epoch: 5 accuracy: 0.9859166666666667
epoch: 6 accuracy: 0.98475
epoch: 7 accuracy: 0.9840833333333333
epoch: 8 accuracy: 0.9854166666666667
epoch: 9 accuracy: 0.9875
```

　ハイパーパラメータの調整もせずに、たった10回の学習回数で評価データの精度
はほぼ100%になりました。CNNがいかに強力なモデルなのかがわかったのではな
いでしょうか。

4-1-1 学ぼう！

畳み込みニューラルネットワークの概要

◎ 従来の画像認識精度を凌駕するモデルの登場

畳み込みニューラルネットワークは英語表記で「Convolutional Neural Network」となり、一般的に「**CNN**」と略称されることが多いです。CNNは、日本人研究者の福島邦彦氏が1982年に発表した「ネオコグニトロン」が大本の原型といわれています（図1）。これは生物の脳の視覚野に関する神経生理学的な知見から考案されており、そのことからわかるように、CNNは画像認識に特化した人工知能としてよく知られています。

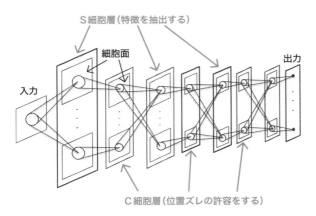

図1　ネオコグニトロンの構造図

　そのCNNが最初に知れ渡るようになったのは、2012年に開催された大規模画像認識の競技会ILSVRC（ImageNet Large Scale Visual Recognition Challenge）で優勝したことでした。ILSVRCは画像の中に映っているものが何かを当てるという、いわゆる分類問題の精度（誤差率）を競う大会です。従来までは、**サポートベクターマシン（SVM）**と呼ばれるパターン認識でよく

用いられるモデルが画像認識分野の主流になっていました。ところが、この年に優勝したものはこれまでのものとは違う **AlexNet** というモデルで、画像認識精度を前年の10%以上も改善しました。この AlexNet が元祖 CNN と呼ばれています。

　この元祖 CNN である AlexNet に関連してなじみ深い用語としてディープラーニングがあります。**ディープラーニング**は、現在ではあらゆる AI と呼ばれるものの基盤技術になっています。そのディープラーニングとは、一般的な定義として中間層が3層以上になっているものを指します。AlexNet も3層以上の構造になっていることから、ディープラーニングの一種に分類されることになります。そのため、この歴史的功績は CNN と同時にディープラーニングの名も世間一般に知らしめました。

◎ 移動不変性が鍵

　では、この CNN は今までのものと何が違うのでしょうか。それは、主に「**移動不変性**」にあります。

　基本的に画像を認識させるとき、従来の方法ではモデルに情報を渡すため、画像の多次元情報を1次元のベクトルに変換する必要がありました（図2）。しかし、これでは、元のピクセル周辺の情報が欠落してしまうため、画像中の物体が回転や移動などで位置が変化した場合、同じ物体かどうかを見分けるのが難しくなります。つまり、同じ物体が別の物体として認識される問題が起こります。

図2　従来の機械学習での画像情報の扱い方

　一方で、CNN では画像情報を1次元ベクトルに変換せずにそのままの情報をモデルに渡します。これによって位置情報が保持されることで、**物体の位**

置が変化したとしても同じ物体として認識されるようになります。この位置が変化しても同じ物体の特徴として捉えられることを**移動不変性**といいます。

　なお、人間の視覚野にも同様の仕組みがあります。私たちの脳の視覚野には単純型細胞と複雑型細胞という2種類の細胞が存在します。単純型細胞は、ある特定の形状に反応する細胞であり、その形状の位置が変化すると別の形状として捉えます。一方、複雑型細胞は、同じ形状のものの位置が変化していたとしても同じ特徴として捉えられます。簡単にいうと、複雑型細胞は複数の単純型細胞からの入力位置のズレを許容する機能をもちます。イメージ的には図3のようになります。CNNの移動不変性は、これらの細胞の機能にヒントを得て開発されました。

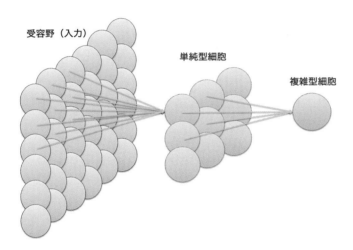

図3　単純型細胞と複雑型細胞

モデル構成と各層の概要

◉ モデルの基本構造と各層の役割

　CNNの基本構造は主に**畳み込み層**、**プーリング層**、**全結合層**の3つの層から構成されます（図4）。脳でいう単純型細胞が畳み込み層にあたり、プーリング層が複雑型細胞に該当します。

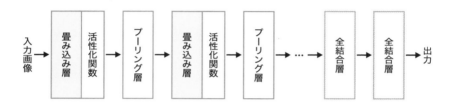

図4　畳み込みニューラルネットワークの構造図

　画像の入力時には、画像情報は1次元に変換せず、そのままの次元を維持した状態で入力されます。例として、4×4の画像があるとすると、これをそのまま入力することになります。RGBの色情報をもっている場合は4×4×3の情報になります。

　畳み込み層は、画像情報から局所的な特徴を抽出する役割があります。この層の重要なところは、「**位置関係の情報を保持したまま**」特徴を抽出するところにあります。CNN以外の基本的なディープラーニングでは全結合層を多数つなげて構成することが行われていました（図5）。

　全結合層は単純な掛け算と足し算の演算をするだけのシンプルな層です。入力のすべてのデータをそのまま使って計算されるため、位置情報が保持されることがありません。そこで出てきたのが、**畳み込み演算**と**フィルタ**（カーネルとも呼ばれます）という概念です。畳み込み層ではこの畳み込み演算と

フィルタを用いて処理することで、**位置関係の情報を保持したまま下層へ情報伝達**を実現しました。

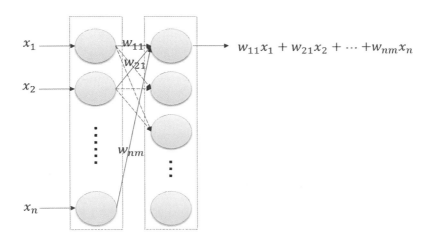

図5　全結合層の計算

　最後に、プーリング層の役割になりますが、これが「移動不変性」を付与するものになります。この層も畳み込み層と同様にフィルタという概念を取り入れており、**畳み込み層から入力された情報を抽象化することで位置のズレを許容します。**

　ここまでCNNの基本構造と各層の役割について簡単な概要をお話ししました。では、次に各層での実際の演算方法を見ていきましょう。

◎ 畳み込み層の仕組み

　図6を見てください。このCNNでは3×3のフィルタを用いています。フィルタのサイズはハイパーパラメータになっており、これは開発者が自由に設定します。この図のように、例えば4×4の情報が入力層から伝達された場合、3×3のフィルタを通すときには、フィルタの各位置と重なる画像情報の位置にある数値同士を掛け合わせます。

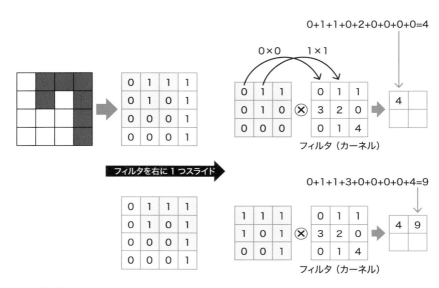

図6　畳み込み層の計算

　この図を例にすると、フィルタの一番左上の数値が0、その位置に重なっている画像情報が0なので、0 × 0、つまりは0が算出されます。次に、その隣のフィルタの数値が1、画像情報が1なので1 × 1 = 1……という具合に計算していきます。そして、すべてのフィルタの位置に対して掛け合わせた数値を最後に足し合わせることで、その位置の特徴を計算します。これが畳み込み演算の基礎になります。

　次に、フィルタを右に1つ移動させます。同様に前述のような「掛け合わせ」と「足し合わせ」で畳み込み演算を行います。これで2つ目の特徴量が出来上がりました。このようにフィルタを移動させながら計算することで、最終的に2 × 2の画像特徴量が計算されます。ただこれだけの演算になります。

　この中で出てきた、フィルタを移動する幅もハイパーパラメータに該当し、この移動幅のことを一般的に**ストライド**と呼びます。図6はストライドを1に設定した例になります。この値は通常1に設定されることが多いですが、画像が大きい場合などはこの値を大きくして計算効率を上げることも行われます。

◎ プーリング層の仕組み

　畳み込み層の仕組みを理解できたのであれば、プーリング層の仕組みは簡単に理解できます。フィルタを扱うことは同じなのですが、大きな違いは**フィルタが値をもっておらず、基本的に画像の特徴量の数値だけを用いる点**です。

　実際にやってみましょう。図7のように2×2のフィルタがあるとします。プーリング層でもこのフィルタのサイズやフィルタの移動幅（ストライド）がハイパーパラメータになります。図7ではストライドは2と設定しています。

　プーリング処理の仕方には様々な方法がありますが、ここでは**Max-pooling**という方法を例に挙げます。「Max」からわかるように、そのフィルタに重なっている部分での最大値を抽出します。図7のように、左端にフィルタがかかっている場合、その場所の画像特徴量の最大値は1となります。次にストライドが2なのでフィルタを2つ移動し、その中での最大値の1を取り出します。このようにして順々に最大値を取り出していき、最終的には2×2の特徴量が抽出されます。これは何をやっているかというと、そのフィルタ内で目立った特徴のみを抽出しているのです。

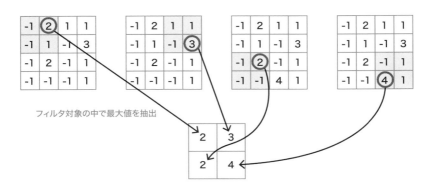

図7　Max-poolingの処理方法

　その他のプーリング処理の仕方として、**Average-pooling**があります。Max-poolingではフィルタ内の場所の画像特徴量の最大値を抽出しました

が、Average-poolingでは「Average」ということで、それが平均値になった
だけです。つまり、そのフィルタ内の場所の画像特徴量の平均値を特徴とし
て出力することになります。どちらの方法がよいのかは場合によって変わり
ますが、Average-poolingでは平均化されることで元の目立った特徴情報が
薄れてしまうため、一般的に「移動不変性」を高めたい場合はMax-pooling
が使用されることが多いです。

◎ その他のハイパーパラメータの例

　畳み込み層やプーリング層では、フィルタサイズやストライドと呼ばれる
ハイパーパラメータがあることを理解できたかと思います。これらの他にも
重要なハイパーパラメータとして**パディング**があります。これは、図8のよ
うにパディングの大きさを1に設定したときには、画像特徴量の周りに1つ
値を埋めることで余白をつくります。特に0で値を埋めることを**ゼロパディ
ング**といいます。

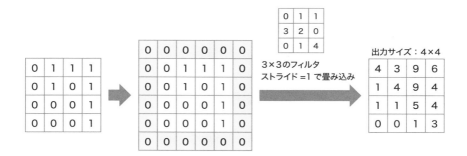

3×3のフィルタ
ストライド =1 で畳み込み

出力サイズ：4×4

図8　ゼロパディングの処理方法

　これによるメリットは、**畳み込み層やプーリング層の出力次元を調整でき
ること**です。パディングがされない場合は、通常は元の画像の特徴量よりも
小さなサイズで出力されます。それに対し、パディングの大きさを調整する
ことで、元の画像の特徴量のサイズと同じサイズ以上の特徴量を出力するこ
とが可能になります。このおかげで層を重ねるたびに特徴量が小さくなるの

を防ぐことができ、多層にすることで能力を発揮するディープラーニングでは重要なパラメータとなっています。

　その他のハイパーパラメータにも、パディングの方法やフィルタの間隔を制御する膨張率など様々なものがあります。たいていの場合はPythonのライブラリ関数のオプションとして用意されていますが、最新の方法やマニアックな方法などは、ライブラリとして存在しない場合があります。それらを試したい場合は自身で論文を探し出し、追試することが必要になってきます。

4

ディープラーニングの学習

◎　誤差逆伝搬法とは？

　ここまではCNNの入力層から出力層への方向での演算、いわゆる「順伝搬」、つまりは「予測」の仕組みについて解説しました。では、その逆方向に演算する「逆伝搬」、すなわち「学習」はどのような仕組みで行われているのでしょうか。ここでは現在のディープラーニングでも主流になっている誤差逆伝搬法について端的に説明します。

　誤差逆伝搬法とは、簡単にいうと従来のニューラルネットワークの学習の仕方を効率的にしたものです。学習の流れ自体は従来のものと変わらず、順伝搬（予測）→予測誤差計算（予測値と実際の値との誤差）→勾配の計算→勾配をもとに誤差が小さくなるように重み（学習パラメータ）を更新→順伝搬→……という繰り返しを行うことが基本的な流れになっています（図9）。

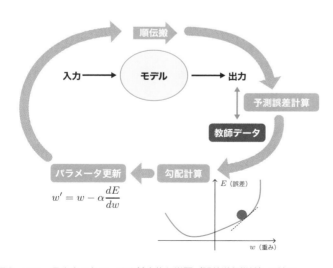

図9　ニューラルネットワークの基本的な学習（誤差逆伝搬法）の流れ

　この中の「勾配の計算」という部分、つまりは数値微分ですが、この数値微分は学習パラメータ数が多くなるほど計算量が増大してしまいます。ディープラーニングでは多くの層を重ねるため、この学習パラメータ数が非常に多く、従来の計算方法では膨大な時間が必要となってしまい、現実的ではありませんでした。そこで、この計算を効率的にするために登場したのが誤差逆伝搬法になります。

◎ 実際に学習パラメータを更新させる

　それでは、具体的に誤差逆伝搬法を用いて学習パラメータを更新してみましょう。なるべく計算式を使わずにしたいところですが、数学的なお話になってしまうため、どうしてもある程度の計算式が必要になります。それほど難しくはないのですが、もし、Pythonで簡単に実装できるならば仕組みなんてどうでもいいという人は読み飛ばしていただいても構いません。

　誤差逆伝搬法を理解するには**連鎖律**と**最急降下法**というアルゴリズムを知る必要があります。言い換えると、この2つさえ押さえておけば大丈夫ということです。それぞれについて簡単に見ていきましょう。

　連鎖律とは、多変数関数の合成関数の微分公式です。合成関数は高校数学で習いましたが、ある関数に別の関数を組み込んだ関数のことです。教科書的にいうと、2つの関数 $f(x)$ と $g(x)$ があるとき、$f(g(x))$ が $f(x)$ と $g(x)$ の合成関数になります。ここでは公式の証明は行いません。図10のようなニューラルネットワーク上の計算において、連鎖律の中の1つの公式だけ頭の片隅に入れておいてください。

$$\frac{\partial f}{\partial u} = \frac{\partial f}{\partial x}\frac{\partial x}{\partial u} + \frac{\partial f}{\partial y}\frac{\partial y}{\partial u}$$

　図10のニューラルネットワークは、2つの入力 (u, v) から2つの x、y という関数（ニューロン）を通って出力 $f(x, y)$ になります。つまり、この式のイメージ的にはその時点の勾配は各逆伝搬の経路に対応する微分の合計になります（図11）。

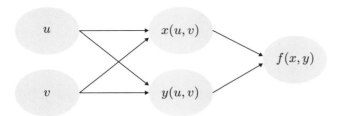

図10　ニューラルネットワークの例で連鎖律を考える

$\dfrac{\partial f}{\partial u}$ を求める経路

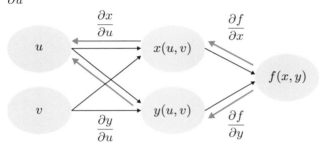

図11　連鎖律を使用する例

　次に、最急降下法について見ていきましょう。図12は重み（学習パラメータ）と予測誤差の関係グラフになります。実際はこんなにきれいな形にはならないのですが、例としてこのようになっているとします。

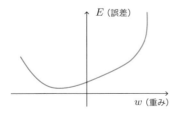

図12　重みと予測誤差の関係グラフ

　ここで、誤差を最小にするにはどのような状態になればいいでしょうか。当然ですが、誤差が一番小さいところに重みがくればいいのです。では、この誤差が一番小さいところとはどのような場所でしょうか。前述した連鎖律から気付きますが、この接線の傾き、すなわち勾配（微分）が0になるとき誤差が最小になります（図13）。そして、重み更新の式が以下になります。

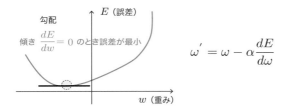

$$\omega' = \omega - \alpha \frac{dE}{d\omega}$$

図13　誤差が最小になるときの傾き

　ω'が更新後の重みで、ωが現時点の重み、αが学習率（どのくらいの大きさで重みを更新するか）、Eが誤差になります。学習率はハイパーパラメータになっています。最急降下法とは、接線の傾きが正のとき（図14）に重みを左に移動したいので、重みを小さくする方向へ、逆に負の場合（図15）は重みを右に移動したいので、重みを大きくする方向へ更新させます。それを何度も繰り返すことで、最終的には誤差が最小の場所に行き着く考え方になります。

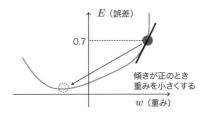

図14　傾きが正の場合

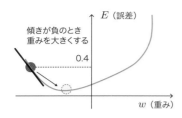

図15　傾きが負の場合

　ここまで、ざっくりではありますが、連鎖律と最急降下法についての最低限の知識を解説しました。では、これらを使って実際にニューラルネットワークの重みを更新してみましょう。図16の青い枠で囲まれた重み ω_1 を更新してみます。

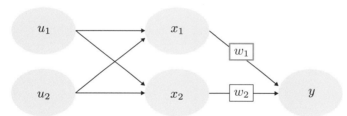

図16　ニューラルネットワークと更新させる重み

　まず、予測誤差を求めてみましょう。予測誤差の定義は、ここでは二乗誤差とします。y が予測値で t が実際の値とすると、予測誤差 $E = (y - t)^2$ となります。この青い枠の重みを求めるためには、重みの更新式にある勾配（$\frac{dE}{d\omega}$）を計算する必要があります。ここで連鎖律の公式を使います。逆伝搬の経路は1つなので、以下の式に変形できます。

$$\frac{\partial E}{\partial \omega_1} = \frac{\partial E}{\partial y} \frac{\partial y}{\partial \omega_1}$$

　この $\frac{\partial E}{\partial y}$ と $\frac{\partial y}{\partial \omega_1}$ を求めれば重みを更新できることになります。$\frac{\partial E}{\partial y}$ については先ほどの式を微分することで求められます。すなわち、

$$\frac{\partial E}{\partial y} = 2(y - t)$$

となります。

次に、$\frac{\partial y}{\partial \omega_1}$ を求めるには、先に y を ω_1 式で表す必要があります。ニューラルネットワークの順伝搬の計算から、$y = \omega_1 x_1 + \omega_2 x_2$ となります。これを ω_1 について偏微分すると、以下になります。

$$\frac{dy}{d\omega_1} = x_1$$

これですべての材料がそろいました。あとは重みの更新式に代入するだけです。

$$\omega_1{}' = \omega_1 - \alpha * 2(y - t) * x_1$$

基本的にはこのような処理を繰り返すだけになります。

ここまでで「誤差逆伝搬法」の簡単な解説は終わりになりますが、おおよその原理はつかめたでしょうか。Python ではこのような処理を意識しなくてもライブラリで簡単に実装できますが、こういったアルゴリズムを理解することでオリジナルな工夫につながるかもしれません。

4-2 やってみよう！

時系列データを扱うことが得意なリカレントニューラルネットワークについて学ぼう

時系列データとは、言い換えると、時間の経過とともに連続的または定期的に変化するデータのことです。例えば、音声などの波形データや、気温や降水量などの気象情報、株価や為替などの金融情報、あるいは私たちが普段使っている言語情報などがこの部類に当てはまります。

ディープラーニングをはじめとする機械学習では、過去の情報から未来の情報の予測や、異常検知や情報抽出などに利用されます。ここでは、主に過去の情報から未来の情報を予測することを目的としてモデルを実装していきます。

Step1 時系列データセットを取得して表示してみよう

有名な時系列のデータセットに「AirPassengers」があります。その内容は、1949 〜 1960年までの月別の国際線の航空旅客数が記録されたデータとなっています。時系列データの扱いに特化したライブラリである「Darts」を使って、この「AirPassengers」データセットを取得して表示させてみましょう。（　）を埋めて実行してください。

```
!pip install darts # Google Colaboratory などの場合のインストール方法
from darts.datasets import AirPassengersDataset
from darts import TimeSeries

series_dataset = AirPassengersDataset().( ① ) # データセット読み込み
# pandas のデータフレームに変換
df_series_dataset = TimeSeries.( ② )(series_dataset)
series_dataset.( ③ ) # 時系列データ可視化
```

170

実行すると以下のように表示されます。季節性のパターンがあり、右肩上がりのトレンドをもつデータであることがわかります。

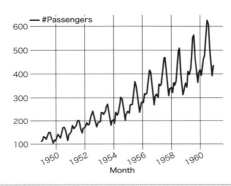

解答 ①load()、②pd_dataframe、③plot()

Step2 時系列データセットを分けてみよう

今までやってきたように、時系列データでもデータセットを訓練データとテストデータに分ける必要があります。

ただし、これまでの方法と違う点が1つあります。これまではランダムに選択してデータセットを分けてきました。しかし、時系列データでは、過去の情報から未来の情報を予測するため、ランダムではなく、時系列に沿って分割しなくてはいけません。ここでも「Darts」を用いてデータセットを分割してみましょう。加えて、基礎的なデータの前処理（正規化）もしてみましょう。なお、コードはStep1の続きです。（　）を埋めて実行してください。

```
from darts.dataprocessing.transformers import Scaler

# 1958 年 8 月の以前以後で分ける
train, test = series_dataset.split_after(pd.Timestamp(' ( ① ) '))

scaler = Scaler()
train_norm = scaler. ( ② ) (train) # 訓練データの正規化
test_norm = scaler. ( ③ ) (test) # 訓練データの情報をもとにテストデータの正規化

train_norm. ( ④ ) (label="train")
test_norm. ( ④ ) (label="test")
```

実行結果は、次のようなグラフが表示されます。黒線が正規化された訓練データ、青線が正規化されたテストデータになります。注意点として、このように学習時に使う訓練データを正規化するときには、必ずテストデータ自身の情報を入れないようにしましょう。入れてしまうとカンニング状態になってしまい、予測モデルとしての信頼性が失われてしまうからです。

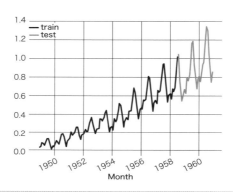

解答 ①19580731、②fit_transform、③transform、④plot

Step3 リカレントニューラルネットワーク（LSTM）で学習させよう

　では、早速リカレントニューラルネットワークの一種であるLSTMを定義して、Step2で作成した訓練データとテストデータを使って学習させていきましょう。ライブラリは同じく「Darts」を使います。

　「Darts」は、今まで用いてきた「scikit-learn」のように、モデルの構築でも比較的容易な実装を可能にします。「scikit-learn」の時系列データ特化版といっていいでしょう。（　）内を埋めて実行してみましょう。

```
from darts.models import RNNModel
import os

LSTM_model = RNNModel(
    model=" （ ① ） ",  # モデル指定
    hidden_dim=20,  # 隠れ層のユニット数
    n_rnn_layers=2,  # RNN層の数
    dropout=0.4,  # ドロップアウト率
```

```
    batch_size=16, # ミニバッチサイズ
    n_epochs=400, # 学習回数
    optimizer_kwargs={"lr": 1e-3}, # 最適化関数のパラメータ（学習率）
    log_tensorboard=True, # ログ出力の有効化
    random_state=0, # ランダムシード
    training_length=20, # 入力と出力の時系列の長さ
    input_chunk_length=14, # 予測時に影響を与える過去のタイムステップ数
)

LSTM_model. ( ② ) (train_norm, val_series=test_norm) # 学習
os.makedirs("models", exist_ok=True) # フォルダがつくられていなければ作成
LSTM_model.save("models/LSTM_model.pth") # モデル保存

predict = LSTM_model.predict(n= ( ③ ) ) # テストデータのタイムステップ分先を
予測

# 予測値と実際の値の比較
predict.plot(label="test predict")
test_norm.plot(label="test true")
```

　以下のようなグラフが出力されました。少し微妙な結果になりましたが、周期的
な成分はやや捉えられているようです。データの前処理を工夫したり、ハイパーパ
ラメータを調整したりすることで結果を改善できるようになります。

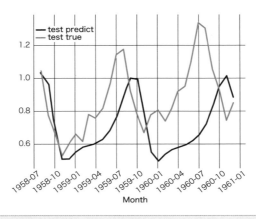

解答 ①LSTM、②fit、③len(test_norm)

時系列データを扱う ニューラルネットワーク

◎ リカレントニューラルネットワークと その構成

　リカレントニューラルネットワーク(以下、**RNN**)とは、「リカレント」と あるように再帰的な処理を行うニューラルネットワークになります。人工知 能用語として正確に表現すると、ネットワークの中の1つの部品(ユニット) のことを指します。

　RNNは再帰的処理により、直前の出力結果を次の出力結果に反映させるこ とが可能になります。言い換えると、過去の記憶を保持し、その情報を使っ て未来の情報を予測します。したがって、主に時系列データや自然言語、音 声などのデータを扱うことに適しています。イメージとしては図17の通りで すが、誤差逆伝搬法ではループを想定していないため、実際には図18のよ うに時間方向に展開した形になります。

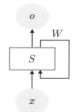
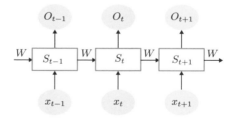

図17　RNNの構造図　　　図18　時系列方向に展開したRNN

　RNNは1層1単語に対応します。例えば、「I am happy」という3単語の 文だとすると、3層のRNNになります。x_tはtステップ後の入力情報です。 先ほどの「I am happy」を例にとると、x_0は「I」、x_1は「am」(のベクトル表現) に該当します。s_tはtステップ後に対応する隠れ要素になります。この隠れ

要素を**セル**といいます。このセルの部分がモデルの"記憶"の部分になります。この部分はtanh層（118ページ参照）で実装されることが一般的です。やっていることはモデルへ過去に通して処理した情報を、現在の入力情報と一緒に後続の処理へと流すことを行っているだけです。これを行うことで過去の情報の保持、つまりは"記憶"を実現させました。

　しかし、このRNNには問題があります。それは、実際に学習させてみると数ステップ前の記憶しか保持できていなかったり、並列に処理ができなかったりする点です。しかし、以降で紹介するLSTMやTransformerなどで、その問題は解決されます。

長期記憶を可能にした「LSTM」

　RNNでは数ステップ前の記憶しか保持できないというお話をしました。**LSTM**は、その記憶力を強化するようにRNNを改良したものになります。

　LSTMは、「Long Short Term Memory」の略称です。構造は図19のようになっており、RNNとの大きな違いは「セル」の中身にあります。RNNではセルの中身はtanhなどの関数のみで構成されることが一般的でしたが、LSTMの場合は少し複雑になります。その構成は、「Forget Gate（忘却ゲート）」、「Input Gate（入力ゲート）」、「Output Gate（出力ゲート）」と呼ばれる3つの部品から成り立ちます。順に見ていきましょう。

　「**Forget Gate（忘却ゲート）**」は、文字通り「忘れる」ことを行います。初期のLSTMにはなかったものですが、現在では一般的なものになっています。もちろん、何でもかんでも忘れるわけではありません。過去の古い情報から不必要な情報を判断して、それだけを忘れます。人間でもすべての記憶を完璧に覚えているわけではありません。忘れることで情報処理の効率化を行っているといわれています。この「Forget Gate」もそういったことを実現しています。

　その仕組みはシンプルです。ゲートの出力の値は0〜1の値になります。0は「ゲートを閉じる」＝「完全に忘れる」、1は「ゲートを開く」＝「完全に記憶する」という意味になります。つまり、0〜1の値でその入力情報の重要度を表すことになります。その重要度は、入力情報に重みを掛けたものと過去の

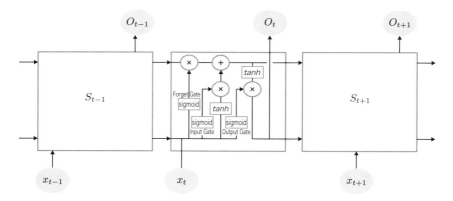

図19　LSTMの構造図

情報に重みを掛けたもの（正確にはバイアスと呼ばれる調整値も加えます）を足し合わせた後にsigmoid関数に通すことで算出されます。最後にsigmoid関数に通すのは0〜1の値に出力させるためです。学習することで重みが調整され、最終的に重要度を表す0〜1の値が適切な値になります。

　続いて、「**Input Gate（入力ゲート）**」の役割は、入力情報のうち、どの情報をどのくらい記憶させるかを判断することにあります。「Forget Gate」と同様に、0は「ゲートを閉じる」＝「完全に忘れる」、1は「ゲートを開く」＝「完全に記憶する」という意味になり、0〜1の値を出力します。仕組みも「Forget Gate」と同じです。違いは、図19からわかるように、出力された値が使われる場所にあります（もちろん、掛ける重みやバイアスも「Forget Gate」とは違う値として学習されます）。

　最後に「**Output Gate（出力ゲート）**」も出力される値や仕組みは同じです。0〜1の値が出力され、同様の計算式で算出されます。役割は、現在まで記憶していたものの中でどの情報をどのくらい取り出すかを調整します。

　このように、これら3つの部品は、計算式や仕組みは同じで役割（出力された値が使われる場所）だけがそれぞれ違うことになります。それぞれの役割を学習によって最適化することで、長期的な記憶を実現させることができました。

リカレントニューラルネットワークの応用とその拡張

◎ LSTMを改変したニューラルネットワーク 「Gated Recurrent Unit」

　LSTMはRNNの1つの欠点を克服した時系列データの予測モデルとして一躍有名になりました。しかし、まだ問題点がありました。それは**計算量**です。現在では、LSTMに数年分の株価などの時系列データを学習させるくらいの処理は一般的な家庭用PCでもほとんど負荷をかけることなく実行できます。しかし、LSTMが登場した当初はスペック面でLSTMの膨大な計算量が処理速度に大きく影響を与えました。

　そこで登場したのが、Gated Recurrent Unit（以下、**GRU**）です。LSTMは「Forget Gate（忘却ゲート）」、「Input Gate（入力ゲート）」、「Output Gate（出力ゲート）」の3つのゲートで構成されましたが、GRUは「**Update Gate（更新ゲート）**」と「**Reset Gate（リセットゲート）**」と呼ばれる2つのゲートのみで構成されます。「Update Gate」はLSTMの「Forget Gate」と「Input Gate」の両方の機能を担います。すなわち、どの情報を忘れるかと、どの情報を記憶させるかを判断します。それに対し、「Reset Gate」は過去の情報をどのくらい忘れるかを判断する役割があります。こういった構造などを工夫することで、GRUはLSTMの性能をほとんど落とさずに計算量を減らすことに成功しました。

◎ CNNとRNNの融合

　CNNの輝かしい業績から、RNNの応用として、CNNと組み合わせようという動きはもちろんありました。そのひとつが2015年に発表されたConvolutional Recurrent Neural Network（以下、**CRNN**）です。CRNNは画像に写っている文字列を予測する画像認識技術として開発されました。

いわゆるOCRという技術の部類になります。

　その構造は図20のような形になっています。仕組みを簡単にいうと、CNNで画像の特徴量を抽出し、その特徴量を左から右方向に縦に分割してRNNに入力し、最後に出力された情報から文字列を予測するものになります。画像の左から右方向の関連性を考慮しながら予測できることで、従来の方法より高精度で予測できるようになりました。

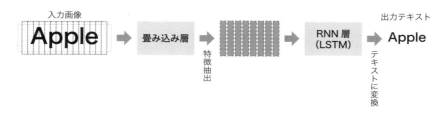

図20　CRNNの構造図

　この技術は画像の文字列認識だけでなく、現在は不明ですが、Amazonが開発したバーチャルアシスタントAIである「Alexa」の音声認識アルゴリズムにも応用されていたといわれています。CRNNの他にも「DeepSense」やRNNの仕組みを使わない「Temporal Convolutional Network」など、CNNで時系列データを処理する試みは多く発表されています。

4-3 やってみよう!

文章解析精度を飛躍させた
アテンションについて学ぼう

最近のトレンドである「ChatGPT」などの自然言語処理の分野では、「アテンション」という技術を用いることが、もはや主流となっています。「アテンション」とは文字通り、文章の中で重要なものについて「注意」することですが、昨今ではそのすさまじい精度の飛躍により、テキストデータだけでなく、画像データにも応用されています。翻訳モデル「Seq2Seq」の構造定義を通して、このディープラーニング業界に新しい風を吹かせた「アテンション」に触れてみましょう。

Step1 翻訳モデル「Seq2Seq」のエンコーダ部分を定義しよう

翻訳モデルの「Seq2Seq」は、エンコーダとデコーダの2つの部分で構成されます。エンコーダ部分では、入力されたテキストデータに対して「埋め込み層」で単語を数値のベクトル(埋め込みベクトル)に変換し、RNN層でそのベクトルを入力します。そして、そのRNN層の各隠れ状態のベクトルに対して「アテンション」を適用するため、その各隠れ状態のベクトルも出力させます。また、RNN層はGRUで構成します。( )内を埋めて実装してみましょう。

```python
import torch.nn as nn
import torch

class Encoder(nn.Module):
    def __init__(self, input_size, embedding_dim, hidden_dim):
        super(Encoder, self).__init__()
        self.hidden_dim = hidden_dim # 埋め込みベクトルの次元数
```

```
        # 埋め込み層の定義
        self.embedding = nn.Embedding( ( ① ) , embedding_dim, hidden_
        dim, padding_idx=0)
        self.gru = nn.GRU( ( ② ) , hidden_dim) # RNN層の定義（GRUで構成）

    def forward(self, input):
        embedded = self.embedding(input) .view(1, 1, -1) # 単語を埋め込み
        ベクトルに変換
        output, hidden = ( ③ ) (embedded) # RNN層での出力と各隠れ層のベクト
        ルを出力
        return output, hidden
```

解答 ①input_size、②embedding_dim、③self.gru

Step2 デコーダ部分を定義しよう

デコーダもエンコーダと同様にRNN層で構成されます。「アテンション」を適用しない単純なデコーダはエンコーダのRNN層での出力ベクトルのみを受け取ります。

このエンコーダからの出力ベクトルは、入力したテキストデータの文脈を表すことから、「文脈ベクトル」とも呼ばれます。

デコーダは、この「文脈ベクトル」を最初の隠れ状態として使用します。つまり、デコーダへの入力は、ステップごとの翻訳後の単語情報とエンコーダからの「文脈ベクトル」になります。では、早速（　）内を埋めて実装してみましょう。

```
import torch.nn.functional as F
class Decoder(nn.Module):
    def __init__(self, hidden_dim, embedding_dim, output_size):
        super(Decoder, self).__init__()
        self.hidden_dim = hidden_dim # 隠れ層の次元数
        # 各ステップの翻訳後の単語を埋め込みベクトルに変換
         self.embedding = nn.Embedding( ( ① ) , ( ② ) , hidden_dim,
padding_idx=0)
        self.gru = nn.GRU(embedding_dim, ( ③ ) ) # RNN層の定義（GRU）
        self.fc = nn.Linear(hidden_dim, output_size) # 全結合層定義
        self.softmax = nn.Softmax(dim=1) # Softmax関数の定義（1次元で計算）

    def forward(self, input, hidden):
        out = self.embedding(input).view(1, 1, -1) # 埋め込み層に入力
        out = F.relu(out) # 活性化関数（Relu関数）
        out, hidden = self.gru(out, hidden) # RNN層（GRU）
```

```
# 全結合層に通した後、Softmax 関数で 0 ～ 1 の出力に変換
out = self.softmax(self.fc(out[0]))
return out, hidden
```

解答 ①output_size、②embedding_dim、③hidden_dim

Step3 デコーダ部分に「アテンション」を実装してみよう

　Step2では、「アテンション」が適応されていない単純なデコーダを定義しました。
今度は、このデコーダに「アテンション」を適応してみます。適応させたデコーダ
はStep1で定義したエンコーダでのRNN層の最終出力と各隠れ状態を受け取りま
す。そして、各隠れ状態に対して「アテンション」を適用します。（　）内を埋めて
ください。

```
class AttnDecoder(nn.Module):
    def __init__(self, hidden_dim, embedding_dim, output_size,
dropout_p=0.1, max_length=100):
        super(AttnDecoder, self).__init__()
        self.hidden_dim = hidden_dim # 隠れ状態のベクトル次元数
        self.embedding_dim = embedding_dim # 埋め込みベクトルの次元数
        self.output_size = output_size # 翻訳後の単語の埋め込みベクトルの次元数
        self.max_length = max_length # 最大語数（トークン数）
        # 埋め込み層の定義
        self.embedding = nn.Embedding( ( ① ) , self.embedding_dim)
        #「アテンション」の定義
        self.attn = nn.Linear( ( ② ) , self.max_length)
        #「アテンション」後の全結合層の定義
        self.attn_fc = nn.Linear( ( ② ) , self.hidden_dim)
        # RNN 層の定義
        self.gru = nn.GRU(self.embedding_dim, self.hidden_dim)
        # 全結合層の定義
        self.fc = nn.Linear(self.hidden_dim, self.output_size)

    def forward(self, input, hidden, encoder_outputs):
        embedded = self.embedding(input).view(1, 1, -1)
        # デコーダへの埋め込みベクトルとエンコーダでの各隠れ状態を結合させ、「アテンショ
        ン」計算
        attn_weights = F.softmax(self.attn( ( ③ ) ((embedded[0],
        hidden[0]), 1)), dim=1)
        # 計算された「アテンション」の適用（乗算）
        attn_applied = ( ④ ) (attn_weights.unsqueeze(0), encoder_
        outputs.unsqueeze(0))
```

```
        # デコーダの埋め込みベクトルと「アテンション」適用後のベクトルを結合
        out = （ ③ ）((embedded[0], attn_applied[0]), 1)
        out = self.attn_fc(out).unsqueeze(0) # 全結合層へ入力
        out = F.relu(out) # 活性化関数に入力
        out, hidden = self.gru(out, hidden) # RNN層（GRU）に入力
        out = F.log_softmax(self.out(out[0]), dim=1) # 全結合層へ入力後に
        Softmax 関数へ
        return out, hidden, attn_weights
```

解答 ①self.output_size、②self.hidden_size + self.embedding_dim、③torch.cat、
④torch.bmm

アテンションの概要

◎ アテンションの特徴

　時系列データを扱うRNNは記憶があまり保持されないため、長い文章を入力すると最初のほうにある文の情報が特徴として消失してしまう現象が起きていました。出力されるベクトルの長さが固定なため、特徴量に含まれる情報に限界があるのが原因のひとつです。

　しかし、この出力される特徴ベクトルを長くすると、今度は逆に短文についての情報が過多になってしまい、文の理解が難しくなるという問題が起きました。この固定長ベクトル問題はLSTMでも同様です。主にその問題を解決したのが**アテンション**です。

　アテンションは、入力されたデータのどの部分に注目すればいいのかを推測します。人間はある物体を見るとき、ある部分に注目しているとその部分以外の解像度が落ちた状態、つまりぼやけた状態になっています（図21）。しかし、まったく見えなくなるわけでなく、全体は捉えられます。すなわち、重要な部分以外の情報を落とすことで効率的に処理を行えるようにしています。その人間の目の仕組みからヒントを得て開発されたのがアテンションです。最近のトレンドである「Transformer」（4-3-2参照）などの自然言語処理のモデルでも、このアテンションの仕組みが組み込まれており、機械翻訳やテキスト生成などの分野でSoTA（最高水準の精度）を記録しています。

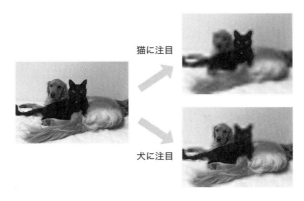

図21　猫と犬を見るときの人間の注視行動

◉ 画像処理での「アテンション」

　では、アテンションはどのような仕組みになっているのでしょうか。もともとは人間の視覚の仕組みからヒントを得たものなので、まずは画像情報に使う例で説明します。

　構造は至ってシンプルです。入力画像を畳み込み層と活性化関数（Relu）を通したものと、そこから分岐して2層ほどの畳み込み層と活性化関数を通したものを乗算したものが出力されます（図22）。特に分岐させたほうの最後尾の活性化関数はsigmoid関数になっており、この部分の出力は0〜1になっています。

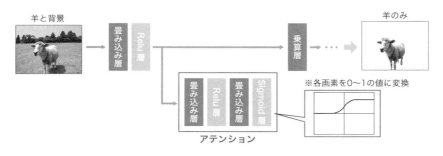

図22　アテンションによる背景の削除

その仕組みを簡単にいうと、元の画像特徴量に0〜1を掛けてフィルタリングしていることになります。この0〜1が解像度を調整する部分にあたり、1に近いほど重要であり、解像度が高くなることになります。逆に0に近いほど情報として落とされます。これにより、注目した部分に特化した学習が可能になります。これは、主に物体の輪郭抽出や、対象物体の背景の抽出あるいは排除などに使われています。

◎ 自然言語での「アテンション」

次に、自然言語処理でアテンションを適用するにはどのようにしたらよいのでしょうか。今回は機械翻訳で有名なモデルである**Seq2Seq**を用いて簡単に解説します。

Seq2Seqとは、Sequence To Sequenceの略語である系列情報（文章や画像など）から別の系列情報へと変換する**Encoding-Decoding モデル**と呼ばれるものの一種です。入力された系列情報を処理して、文脈の特徴ベクトルに変換する**エンコーダ**と、そのエンコーダから出力された特徴ベクトルを解読し、別の系列情報に変換する**デコーダ**で構成されています（図23）。

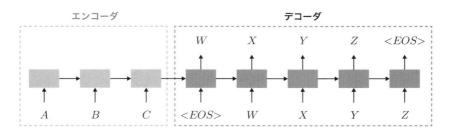

図23　Seq2Seqにおけるエンコーダとデコーダ

Seq2SeqのエンコーダとデコーダはどちらもRNNであるため、順番に情報（単語）を入力するたびに、新しい入力情報とその直前の入力情報に基づいて隠れ状態（特徴ベクトル）が更新されていきます。そして、エンコーダで最後に更新された隠れ状態が文全体の特徴ベクトルとしてデコーダへと渡されます。デコーダではその入力された特徴ベクトルについて、同様に隠れ状態

を更新しながら情報を（1単語ずつ）出力していきます。そうすることで翻訳などを実現しています。

　Seq2Seqでは、アテンションは主にエンコーダからデコーダに情報を渡すときに使われます。ただし、アテンションが実装されたSeq2Seqでは典型的なSeq2Seqとは異なり、エンコーダからデコーダへと渡される情報は、エンコーダから最後に出力された特徴ベクトルのみではなく、エンコーダに入力されたすべての情報（単語）に対応する隠れ状態を渡します。

　そして、デコーダで出力される隠れ状態とそのエンコーダで出力された各隠れ状態から0～1のスコアを算出します。そのスコアと各隠れ状態を乗算することで、デコーダのタイムステップの出力において、重要なものの影響は大きく、重要でないものの情報は排除されるように調整されます。つまり、この部分が「アテンション」です。

　その調整された特徴ベクトルとデコーダの隠れ状態を結合したものを全結合層に入力させたものが、そのタイムステップにおける最終的な出力になります（図24）。あとはその出力を「softmax」と呼ばれる0～1の確率に変換する関数に通して、対応する単語を予測します。

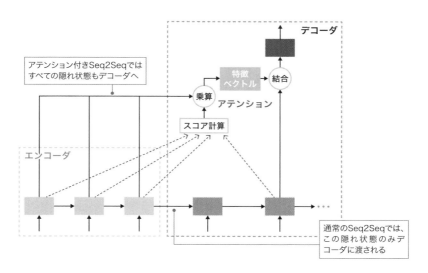

図24　アテンション付きSeq2Seqの構造図

自然言語処理の革命児「Transformer」

◎ Transformer の概要

　Transformerは、"Attention Is All You Need"という2017年に発表された論文の中で登場しました。それまでは、RNNやLSTMあるいはCNNを用いてEncoding-Decodingモデルを構築することが主流でしたが、Transformerではそのエンコーダとデコーダをほぼアテンションのみで構築し、それによって入力情報を順番に処理していくような逐次的な処理を排除し、並列処理による高速処理を可能にしました。つまり、従来のRNNモデルの弱点である記憶保持問題における長文処理やLSTMなどでも生じる計算量の増大による処理時間の問題がすべて解決されたことになります。そして、そのすべての問題が"Attention Is All You Need"とあるように、アテンションによって解決されます。

　Transformerの構造はSeq2Seqと同様に、エンコーダとデコーダで構成されます（図25）。ちなみに、一般的には「Transformer」と呼ばれるものは、「**Transformerブロック**」というEncoding-Decodingモデルの中の一部分のことを指すことが多いです。以降では、特に重要な要素であるPositional Encoding、Self-Attention、Source-Target-Attentionを中心に解説します。

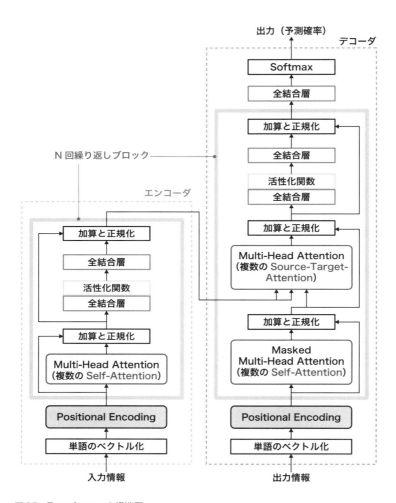

図25　Transformerの構造図

単語の位置情報を付与する 「Positional Encoding」

　文中の単語の順番は文の意味を知る上で重要になってきます。例えば、「私 は大きな人間」という文があるとします。この文の単語を入れ替えると「大き

な私は人間」というまったく違う意味の文になってしまいます。RNNなどでは逐次的な処理によって順番という情報を明示的に入力する必要がありませんでした。

　しかし、Transformerでは逐次的な処理を行わないため、この順番の情報を入力する必要があります。**Positional Encoding**では、その単語が文の何番目にあるかという情報を付加します。ただし、単純に単語と対応した番号を入力情報として入れるわけではなく、それぞれの順番に対応したベクトルを入力単語のベクトル（以下、埋め込みベクトル）に足すことで位置を表現します（図26）。この順番に対応したベクトルは、足しても元の単語の意味が変わるほど大きい値ではなく、かつ文の長さなどによって変わらない、一意に順番に紐づいているベクトルである必要があります。Positional Encodingでは、この条件を満たすために、三角関数であるsinとcos関数を使っています。

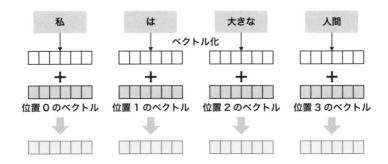

図26　Positional Encodingの仕組み

　まとめると、元の単語の埋め込みベクトルとsinとcos関数を使って順番を表現したベクトルを足し合わせることで単語の位置情報を付加する層がPositional Encoding層になります（Transformerの入力は、実際には単語よりも小さい単位を使う場合が多いのですが、以降はイメージのしやすさのために単語単位で入れることを前提にします）。

◉ 自分自身に注目させる「Self-Attention」

　次に、**Self-Attention**について簡単に解説します。まず、Self-Attentionを理解する上では、「**キーバリューストア**」という概念を知る必要があります。キーバリューストアとは、データベース管理でよく使われるもので、保存したいデータ（Value）とそれに一意に紐づく値（Key）をペアとして保存しておくものです。ValueをKeyによって呼び出すイメージです。これにより、データベースにおいて高速処理を行えるようにしています。

　Self-Attentionでは、「Query」、「Key」、「Value」の3種類のベクトルを使用します。この3種類のベクトルは、元は同じベクトルであり、入力された埋め込みベクトルから生成されたものです。「Query」は（問い合わせ）対象の単語列（文）を表し、「Key」は「Query」からの関連性を計算し、それに紐づいた「Value」を呼び出します。「Query」から「Key」への関連性の大きさはベクトルの内積で計算されます。つまり、対象単語列の中の単語同士に対して関連度をそれぞれ計算します。

　次に、この値をSoftmax関数に通すことでその単語の重要度を0〜1の確率として出力します（図27）。「Self-Attention」の名の通り、自分自身に注意を向けることです。最後に、この出力されたベクトルと「Value」ベクトルを乗算します。すなわち、最終的にここで出力されるものは、重要度で重み付けされた埋め込みベクトルになります。これが、Self-Attentionの簡単な仕組みになります。図25のTransformerの構造図にあるMulti-Head Attentionは、Self-Attentionを複数用意して表現力を高めることで精度を向上させています。

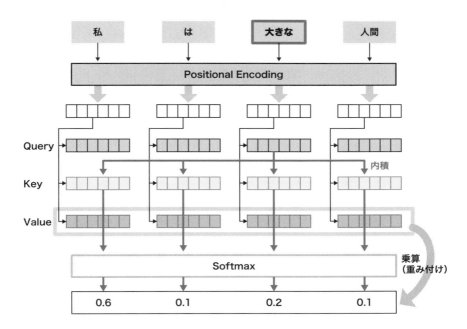

図27　Self-Attentionの仕組み

◎ 異なる文の単語列同士で注目させる 「Source-Target-Attention」

Source-Target-Attentionは、Self-Attentioと同様に「Query」、「Key」、「Value」
の入力情報を使いますが、大きく異なる点が1つあります。それは、**関連度**
を計算する対象が自分自身の単語列ではなく、別の単語列同士になることで
す（図28）。「Query」に関しては、Transformerのデコーダ部分の隠れ状態
からのベクトルになり、「Key」と「Value」に関してはエンコーダ部分の隠れ
状態からのベクトルになります。

ここで、「Query」であるデコーダからの入力ですが、まず、デコーダに入
力されるものはエンコーダの入力に対する答えです。翻訳の場合は、エンコー
ダの入力に対する翻訳後の単語列が入ります。そのままのものを「Query」に
入れるとカンニング状態になるので、「Masked Multi-Head Attention層」

でまだ予測していない未来の情報に対して、関連度スコアを−∞にすることで、強制的に考えないようにする工夫をしています。すなわち、デコーダ内で未来の情報をマスクされた回答（翻訳結果）に重要度で重み付けされた埋め込みベクトルが「Query」に、エンコーダによって重み付けされた埋め込みベクトルが「Key」、「Value」に入ることになります。

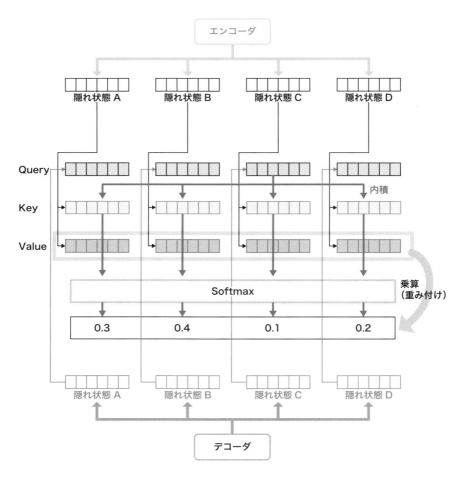

図28　Source-Target-Attentionの仕組み

4-4 やってみよう！

画像や文章を生成しよう

　後半ではいよいよ「Transformer」で構成された生成系AIに触れていきます。現在では、生成AIはWeb上の画面で入力を行うだけで、簡単に扱うことができます。その種類もチャット（テキストからテキスト生成）やテキストから画像・動画生成、音声生成、そしてゲーム生成までと様々です。本書では、最終的にはPythonを使ってテキスト生成系AIの代表である「ChatGPT」からの応答を得るための簡単な実装をしていきます。

Step1 「ChatGPT」を使ってみよう

　まずは、定番の「ChatGPT」を実際に使ってみましょう。「ChatGPT」のサイト（https://chat.openai.com/）にアクセスして、以下の手順でアカウントを登録してみましょう。

①ChatGPTのサイト（https://chat.openai.com/）にアクセスして「Try ChatGPT」ボタンをクリックする

②「Sign up」ボタンをクリックする

③メールアドレス、パスワードを入力してアカウントを作成する

Step2 「ChatGPT」でチャットをしてみよう

アカウントを作成したら、早速チャットをしてみましょう。以下の手順に従って Step1で作成したアカウントでログインし、文章を入力してみましょう。

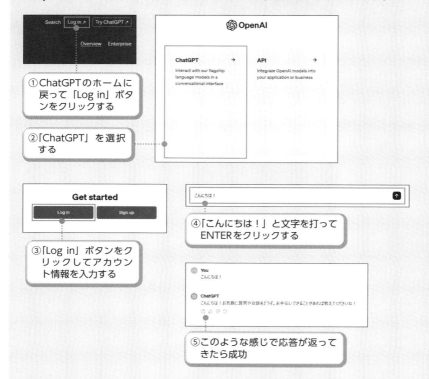

Step3 「ChatGPT」のAPIを使う準備をしてみよう

次に、Pythonから「ChatGPT」の応答を得てみましょう。これを実装するには、まずは「ChatGPT」のAPIキーを入手する必要があります。以下の手順に従って APIキーを作成してみましょう（https://platform.openai.com/api-keys）。

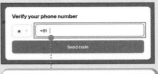

②電話番号を入力した後に、簡単
　な認証を行う

①こちらのURL（https://platform.openai.
com/api-keys）にアクセスし、（ログイ
ンしていない場合はログインして）「Start
verification」を選択する

③secret keyが表示されるので
　コピーする

最後に取得したこのsecret keyがAPIキーになります。どこかに保存しておき
ましょう。

Step4 PythonからAPIを呼び出して、「ChatGPT」から
簡単な応答を受け取ろう

Step3で取得したAPIキーを使って、PythonでAPIを呼び出すコードを実装し
てみましょう。以下のコードについて（　）内を埋めて実行してみましょう。

```
!pip install openai
from openai import OpenAI

client = OpenAI(api_key="（ ① ）") # API キーの設定

# 「ChatGPT」による応答の生成
response = client.chat.completions.create(
    messages=[
        {
            "role": "user",
            "content": "こんにちは！", # 送信するテキストデータ
        }
```

```
    ],
    model="gpt-3.5-turbo", # 「ChatGPT」のモデルの指定
)

# 応答の表示
text = (  ②  )
print(text)
```

以下のような文が表示されたら成功です。

こんにちは！どのようなご用件でしょうか？

解答 ①Step3で作成したAPIキー、②response.choices[0].message.content

生成系AIの種類

◎ 生成系AIには様々な種類がある

生成系AIとは、文字通り何かを生成するAIになります。この生成系AIが登場する前は、人工知能は数値を予測したり分類を行ったりすることがメインで、何かを生み出すようなことはできませんでした。

その後、Transformerなど、近年のディープラーニングの発達により、人工知能が人間のように何かをイチからつくり出すことが可能になりました。その種類は、画像やテキスト、動画、音声など、多様な分野に応用されています。その多くは、専門知識の必要性がなく、簡単に利用できることから、近年多くの個人や企業から注目されています。

その火付け役となったのが、OpenAI社が2022年に公開したテキスト生成AI「**ChatGPT**」といえるでしょう（図29）。その影響はすさまじく、発表からわずか2カ月の間に利用者が1億人を突破しました。その需要を受け取って、現在ではGoogle社の「Gemini」、Microsoft社の「Bing AI」など、多くの「ChatGPT」の派生版が世の中に出回っています。特に「Gemini」はテキスト生成だけでなく、音声や画像も生成可能なマルチモーダルAIとして話題を呼んでいます。

このように生成系AIはもはや私たちの仕事や生活に欠かせないものになりつつあります。その対価として、フェイクコンテンツがあふれかえり、すでに素人には本物と見分けが付かないものも登場しています。今後はそういったフェイクコンテンツを見破るAIが登場してくるかもしれません。

図29　実際のChatGPTの使用画面

◎ テキスト生成系AI

　入力されたテキストデータから意味や文法を理解することで、それに基づき新たなテキストデータを作成するのが**テキスト生成系AI**になります。生成系AIの代表としてまずイメージされるのが、ChatGPTをはじめとするこのテキスト生成系AIではないでしょうか。自動翻訳はもちろんのこと、チャットでの問い合わせ、ニュース記事の要約やプログラムコードの生成および修正までもがテキスト生成系AIでできるようになっています。

　テキスト生成系AIは、そういった作業の効率化や自動化に伴う品質向上やコスト削減など多くの恩恵を受けられますが、一方でデメリットも存在しています。それは、間違った情報や不自然な応答をしてしまうところです。テキストデータの意味や文法を理解するとはいっても、人間のようにその言葉がもつニュアンスや文脈などを完全に理解しているわけではないためです。これはテキスト生成系AIの今後の課題となっています。

◎ 画像生成系AI

　画像生成系AIは、主に入力されたテキストデータに基づいて画像を生成す

るAIのことを指します。例えば、「AI技術者が画像生成系AIを開発している様子」と入力すると、図30のような画像が生成されます。

　画像生成サービスの多くは複数の生成された画像を提示します。現在公開されているサービスとしては、イギリスのスタートアップ企業であるStability AI社が開発した「Stable Diffusion（ステーブルディフュージョン）」や、アメリカのDiscord社の「Midjourney（ミッドジャーニー）」、そしてChatGPTの生みの親であるOpenAI社の「DALL・E 2（ダリツー）」などがあります（図31）。商品画像、Webデザイン、医療画像、美術、イラストなど様々な分野で活用されています。

　この「画像生成系AI」も、学習させた画像データセットの偏りなどが原因で、違和感のある画像が作成されたり、思ったような正しい画像が生成されなかったりと、テキスト生成系AIと同じような問題を抱えています。

図30　画像生成系AIで「AI技術者が画像生成系AIを開発している様子」と入力して得た画像例

図31　様々な画像生成系AIツール

画像生成系AI「GAN」

画像生成系AIの元祖

　画像生成系AIの元祖といわれている「**GAN** (Generative Adversarial Networks)」は、2014年に「Generative Adversarial Nets」という論文でAI研究者のイアン・グッドフェローらによって発表されました。日本語での表記は「敵対的生成ネットワーク」になります。

　「敵対的」とあるようにニューラルネットワーク同士を敵対させる、つまり競争させる性質をもちます。その敵対させる2つのニューラルネットワークを「**Generator (生成ネットワーク)**」、「**Discriminator (識別ネットワーク)**」と呼びます。Generatorの役割は偽物の生成、Discriminatorの役割は生成されたモノに対して本物かどうかを判定することにあります。

　この2つのネットワークモデルを競わせることで、偽物かどうか判別ができないくらいの高品質なモノが生成される仕組みです (図32)。つまり、Generatorで偽物をつくる精度が上がると、それを偽物と識別するDiscriminatorの学習に貢献し、Discriminatorの判別精度が上がるとGeneratorの偽物生成の学習に貢献するように、お互いに学習させながら精度を高めていくアルゴリズムになります。GANの用途としては、低画質の画像を高画質の画像に変換したり、実写画像をイラスト風に変換したりすることなどで活用できます。

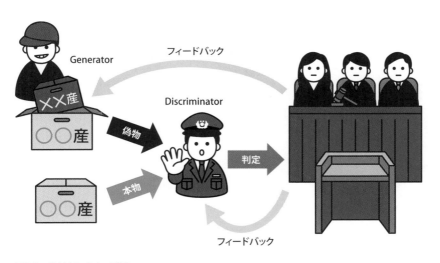

図32　GANのイメージ図

◎ 偽物を生成する「Generator」

　まずは**Generator（生成ネットワーク）**の仕組みを解説します。前述のように Generator は偽物画像を生成しますが、何もないところからいきなり生成することはできません。必ずもととなるものが必要になってきます。さらに、同じパターンではなく、様々なパターンの偽物画像を生成する必要があります。すなわち、**もととなるものも同様に様々なパターンを自動で大量に作成できるものである**必要があります。

　そこで使われるのが、ある固定次元のランダムな数値で構成されたベクトルになります。これならばプログラムで自動的に大量生成できます。このランダムな数値で構成されたベクトルから Deconvolution という層を複数回通ることでアップサンプリングされ、画像データ（の次元）に変換されます（図33）。

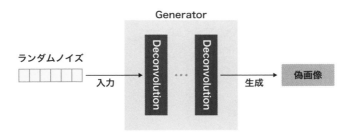

図33　Generatorの働き

　この画像データは、最初は砂嵐のような画像になりますが、学習を進める
ことで徐々に本物のような画像になっていきます。ただし、決して本物の画
像になってはいけません。つまり、ただ単に本物画像を教師データとして学
習させることはできません。

　では、どのようなものを教師データとして学習をさせたらうまくそのよう
な画像を生成できるのでしょうか。次項で解説するDiscriminatorにその答
えがあります。

◎ 偽物を見破る「Discriminator」

　Generatorでは本物ではない本物っぽい偽物画像を生成する必要がありま
した。そのためには、客観的に「本物」か「偽物」か判断した0か1のラベル
を生成された画像に付与できなければなりません。しかし、これを人間で行
うとなると、GANが学習するたびにGeneratorから出力される画像に対して
人間が目視でラベルを付与することが必要になるため、現実的に難しいです。
また、最初は砂嵐のようなよくわからない画像ばかりが生成されているため、
目視ではすべてを本物ではないと判断してしまい、Generatorのほうの学習
が成り立ちません。つまり、人間はある程度完璧な判定ができてしまうため、
その判定結果を使うと最初からGenerator学習ができなくなってしまうので
す。言い換えると、Generatorと同じようなレベルの判定精度でラベル付け
してくれるものがあれば学習がうまく進むことになります。

　Discriminator（識別ネットワーク） は、その役割を果たします。Discriminator

は、「本物」か「偽物」かについて分類するモデルです（図34）。Discriminator
の学習に使うラベル（教師データ）は本物画像（目的の画像）に紐づいた「本物：
1」と、Generatorで生成された画像に紐づいた「偽物：0」になります（図
35）。一方で、Generatorの学習では、偽物画像を本物とだますことが目的
であるため、Generatorで生成された偽物画像に対してDiscriminatorで判
定された結果について、「偽物：0」と判定されたラベルを「本物：1」として学
習させます。つまり、すべて本物として学習させます。このとき、
Discriminatorのネットワークの重みは固定にして学習させないようにしま
す（図36）。

このようにして、GeneratorとDiscriminatorを徐々に学習させることで、
最終的に偽物とわからないくらい高品質な画像が生成されます。これがGAN
の基本的な画像生成の仕組みになります。

図34　Discriminatorの働き

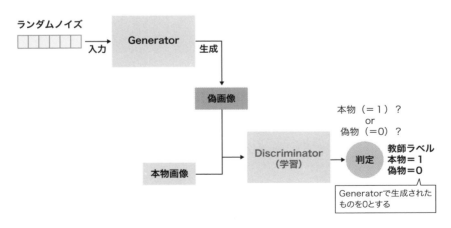

図35　Discriminatorの学習

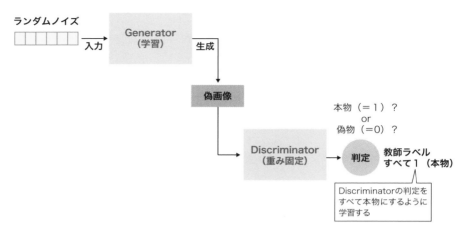

図36　Generatorの学習

テキスト生成系AI 「ChatGPT」

◎ GPTとは？

ChatGPTは2022年にOpenAI社が発表した人間のような自然な会話が可能なAIチャットサービスです。「GPT（Generative Pre-trained Transformer）」という大規模なテキストデータで学習されたモデルがベースとなっています。「GPT」は2018年に"Improving Language Understanding by Generative Pre-Training"という論文ではじめて発表されました。これまでの自然言語処理モデルでは、人間の手で大量にラベル付けされたデータが必要な教師あり学習であり、この学習のためのデータセット作成に非常に時間とコストがかかっていました。これに対し、GPTは教師なし学習を実現させることで、そうした問題を解決しています。

さらに、この教師なし学習で事前に学習されたモデルは、**再学習**（以下、**ファインチューニング**）させることで、低コストで高精度に様々なタスクに対応することが可能です。GPTはGPT-1、GPT-2とバージョンが上がっていき、2024年4月現在ではGPT4（厳密にはGPT-4 Turbo）までが発表されています。バージョン間でモデルの構造はそこまで変わらないのですが、大きな違いは学習させたデータ量やパラメータ数にあります。GPT-1ではデータ量は4.5GBのテキストデータ、パラメータ数は約1億個に対し、GPT-4ではデータ量が1TB以上、パラメータ数が5,000億個以上といわれています。

GPT-3以上の大規模なモデルになると、従来はファインチューニングをさせないと解けなかったタスクが、「**プロンプト**」と呼ばれるテキストをモデルに入力することで、その次のテキストを予測するだけで解けてしまうことがわかりました。さらに、特にGPT4になると、自然言語処理モデルにとっては苦手であった数学などの理系分野でも精度が大幅に改善されました。ChatGPTは、このGPT（3.5以上）のモデルを使って、人間が好むような回答ができるように強化学習させたものになります。

◎ 「InstructGPT」の登場

ChatGPTはGPT3.5以上のモデルを使用していることをお話ししました。そして、GPTははじめてTransformerを採用した大規模自然言語モデルです。GPTはTransformerのデコード部分のみで構成されます（図37）。GPT-3ではこのデコード部分を96個結合させています。この深い層で膨大なデータ量を学習させることで自然なテキスト生成を実現させています。

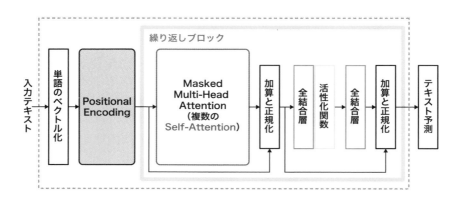

図37　GPTの構造図

学習のさせ方は、入力されたテキストに対して、後続する単語を予測するように訓練します。例えば、「東京タワーは高い」という文があるとして、「東京タワーは」という入力に対して、後続の単語である「高い」を予測します。つまり、教師データを用意する必要がなく、テキストのデータさえあれば学習が可能です。

このようにテキストデータを大量に用意して、それを事前に丸ごと学習させたものがGPTです。ただし、左から右の一方向で学習させているので、双方向を見て学習させているGoogleの「BERT」などと比較して文脈を捉える能力は劣るといわれています。

さて、GPTをはじめとする大規模自然言語モデルで生成される文は、必ずしも人間が好む文を生成するわけではありませんでした。実際、GPT3では

差別的な表現や攻撃的な文など非道徳的なテキストが生成されていました。GPT3.5ではその問題が改善されましたが、まだ不十分でした。そこで登場したのが「InstructGPT」というモデルです。

◎ 強化学習を取り入れた対話特化型GPTモデル

InstructGPTの学習は3ステップで構成されます（図38）。

　最初のステップでは、GPT3のモデルを用いて教師ありのファインチューニングを行います。この教師データには、訓練されたラベル付けの職人たちが、入力テキスト（プロンプト）に対して、人間が好むような回答を出力テキストとしてラベル付けしたものを使います。InstructGPTでは、この入力文と出力文のペアを約1万3,000個作成してファインチューニングを行います。この学習で作成されたモデルを「**SFT model**」と呼びます。

　次のステップでは、「**Reward model（報酬モデル）**」という、Truthfullness（真実性、正確な情報であるかどうか）、Harmlessness（無害性、人や環境を傷つけないか）、Helpfulness（有益性、ユーザーにとってメリットのある情報か）の3軸で出力文のよさを評価するモデルを用意します。Reward modelは、文に対して「スカラー」と呼ばれるスコアを出力させるようにSFT modelを使って学習させたものです。その教師データは単純に人間がスコアをすべての文に付与する方法もありますが、この方法では複数の文同士のスコアの相対性を考慮した場合、人手で付与することが難しくなります。

　そこで、InstructGPTでは、ランク付けという形でラベルを人間が付けやすくしました。流れとしては、まず、プロンプトに対する複数の出力文を用意します。次に、その複数の文に対してこの中でランク付けします。あとは、このランクをReward modelに学習させるだけです。

　最後のステップでは、前のステップで学習させたReward modelの出力スコアを最大化するように最初のステップで作成したSFT modelに対して強化学習を行います。そこで使われる強化学習は「**PPO**」と呼ばれるモデルです。PPOはSFT modelのパラメータの大きな更新を最小限に抑えながら学習させるため、安定性があり、強化学習では広く使用されているモデルになります。このステップが終わったら前のステップに戻り、再度、Reward modelを獲

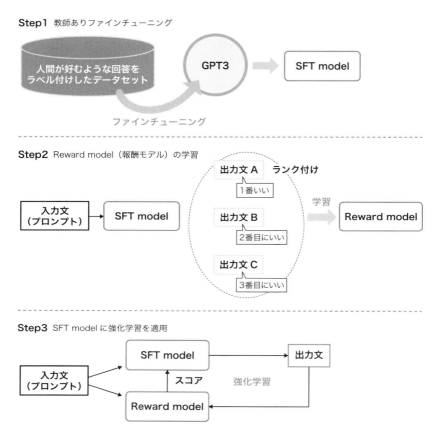

図38　InstructGPTの学習の手順

得します。これを繰り返すことでより良質なモデルに仕上がります。

　このようなステップで学習されたSFT modelがInstructGPTになります。そして、ChatGPTもほぼこれと同じような方法でモデルが作成されています。大きな違いは、ベースのモデルがGPT3.5以上のものであり、かつ学習に使うデータが「会話」という部分に限定されている点です。つまり、ChatGPTの正体は、このInstructGPTを会話に特化させたものといっていいでしょう。

第4章のまとめ

- 畳み込みニューラルネットワーク（CNN）の基本構造は主に畳み込み層、プーリング層、全結合層の3つの層から構成される
- 畳み込み層は、画像情報から位置関係の情報を保持したまま局所的な特徴を抽出する役割がある
- リカレントニューラルネットワークは再帰的な処理を行うニューラルネットワークであり、主に時系列データや自然言語、音声などのデータを扱う
- LSTMとは、RNNの長期的な記憶の保持ができないという弱点を克服したリカレントネットワークの一種である
- アテンションとは、入力されたデータのどの部分に注目すればいいのかを推定する機構である
- Transformerでは、入力情報を順番に処理していくような逐次的な処理はなく、すべてアテンションで構成されているため、並列処理による高速処理が可能となった
- 入力されたテキストデータから意味や文法を理解することで、それに基づいて新たなテキストデータを作成するものがテキスト生成系AIである
- ChatGPTのベースモデルであるGPTのバージョン間での大きな違いは、学習させたデータ量やパラメータ数である

4

Q1 CNNの大きな特徴である位置が変化しても同じ物体の特徴として捉えられることを何といいますか?

(A) 位置不変性

(B) 移動不変性

(C) 位置汎用性

(D) 移動汎用性

Q2 リカレントニューラルネットワークの一種であるLSTMは、入力ゲート、出力ゲートと何で構成されているでしょうか?

(A) 更新ゲート

(B) リセットゲート

(C) 記憶ゲート

(D) 忘却ゲート

Q3 Transformerに関するものとして不適切なものはどれですか?

(A) 並列処理による高速化が可能

(B) RNNのような逐次的処理である

(C) アテンションで構成されている

(D) Self-AttentionではQuery、Key、Valueの3種類のベクトルを用いる

Q4 画像生成系AIの一種であるGANのDiscriminatorを説明する文として適切なものはどれですか?

(A) 乱数で構成されたベクトルから偽物を生成する

(B) 生成物に対して本物かどうかを判定する役割がある

(C) 偽物の生成物が本物に近くなるように学習する

(D) 真実性、無害性、有益性の3軸で生成物を評価する

解答 **A1.** B

A2. D

A3. B

A4. B

05

実践的な人工知能の構築手法を学ぼう

〜データは必ずしも完全ではない〜

人工知能を実際に構築する際に欠かせない知識がデータの扱い方です。数値、テキスト、画像、音声などあらゆる種類の情報をコンピュータに認識させる必要があります。また、うまく学習させるためには入力データを加工する必要も出てきます。

本章では、人工知能を実際に構築する上で必要となる前処理の基本的な知識やテクニックについて紹介します。

5-1 やってみよう！

テキストデータの
扱い方を学ぼう

　コンピュータでの自然言語処理において、テキストデータは、数値やカテゴリーデータと同じような扱いはできません。なぜなら、文字として多くの種類があり、その文字の組み合わせである文の長さも固定できないからです。また、日本語では英語のように単語と単語の間に空白の区切りがないため、形態素解析などの特殊な前処理をする必要があります。

　本章ではそのようなテキストデータの前処理の基礎について、実際に手を動かして学んでいきます。

Step1 テキストデータをダウンロードしてみよう

　自然言語処理を始める前にテキストデータを用意する必要があります。最近では著作権が切れた書籍がWeb上に電子データとして無料で公開され、誰でも簡単に入手できるようになりました。今回は夏目漱石の「『吾輩は猫である』上篇自序」のzipファイル内のテキストファイルを「青空文庫」(https://www.aozora.gr.jp/cards/000148/files/47148_ruby_32216.zip) から、Pythonで直接読み込んで表示させてみましょう。それでは（　）を埋めて実行してください。

```
import zipfile
import io
import urllib.request

# リクエスト作成
re = urllib.request.Request("https://www.aozora.gr.jp/cards/000148/
files/47148_ruby_32216.zip")
with urllib.request.urlopen( ( ① ) ) as res: # URL から zip データを取得
    b_data = res.read()
```

```
# zip データの中身を読み込んで変数に格納する
with zipfile.ZipFile(io.BytesIO(b_data), 'r') as zip_f:
    with zip_f.open('neko_jyo.txt') as f: # データの読み込み
        all_data = f.read().( ② ) ("shift-jis") # 「shift-jis」に文字コー
        ドを変換

# 空白や改行で区切って配列に格納後、本文の部分を取得し、1つの文章に結合させる
text_data = "".join(all_data. ( ③ ) [15:20])
print(all_data)
print(text_data)
```

解答 ①re、②decode、③split()

　　出力結果は次のようになります。最初に取得されるデータはタイトルや作成者などの本文ではないテキストデータが取得されます。今回は本文のみを用いたいので、この中から抽出してきました。

底本：「夏目漱石全集第十巻」筑摩書房
　　　　1966（昭和41）年8月30日初版発行
入力：富田倫生
校正：林　幸雄
2008年7月22日作成
青空文庫作成ファイル：
このファイルは、インターネットの図書館、青空文庫（http://www.aozora.gr.jp/）で作られました。入力、校正、制作にあたったのは、ボランティアの皆さんです。

「吾輩は猫である」は雑誌ホトトギスに連載した続き物である。固《もと》より纏《まとま》った話の筋を読ませる普通の小説ではないから、どこで切って一冊としても興味の上に於《おい》て左《さ》したる影響のあろう筈《はず》がない。(--- 中略 ---) 猫が生きて居る間は──猫が丈夫で居る間は──猫が気が向くときは──余も亦《また》筆を執《と》らねばならぬ。

Step2 「Janome」を用いて形態素解析をしてみよう

　　では、Step1で取得した文章に対して実際に形態素解析を行い、単語（形態素）で区切ってみましょう。使用するPythonの形態素解析ライブラリは「Janome」

というもので、形態素解析ツールでは珍しくすべてPythonコードで書かれているため、インストールが簡単で手軽に使えます。コードはStep1の続きになります。早速、（　）内を埋めて実行してみましょう。

```
!pip install janome # Janome のインストール
from janome.tokenizer import Tokenizer

t = ( ① ) # 形態素解析モデル定義（インスタンスの生成）
tokens = t.tokenize(text_data, wakati=( ② )) # 単語（形態素）に分割（イテレータ）
# イテレータで順番に単語（形態素）を呼び出し、配列に格納
tokens = [str(token) ( ③ ) ]
print(tokens)
```

結果は以下のように、単語ごとに配列に格納されている状態のものが出力されます。

```
[' 「 ', ' 吾輩 ', ' は ', ' 猫 ', ' で ', ' ある ', ' 」 ', ' は ', ' 雑誌 ', ' ホトトギス ',
' に ', ' 連載 ', ' し ', ' た ', ' 続き物 ', ' で ', ' ある ', '。', ' 固 ', '《', ' もと ', '》
', ' より ', ' 纏 ', '《', ' まとま ', '》', ' っ ', ' た ', ・・・ ────── 中略 ──
──── ・・・ ' 猫 ', ' が ', ' 気 ', ' が ', ' 向く ', ' とき ', ' は ', ' ── ', ' 余 ',
' も ', ' 亦 ', '《', ' また ', '》', ' 筆 ', ' を ', ' 執 ', '《', ' と ', '》', ' ら ',
' ねばら ', ' ぬ ', '。']
```

解答 ①Tokenizer()、②True、③for token in tokens

Step3 テキストデータを0と1の数字で表してみよう

次に、この単語に分割されたテキストデータをもとに、『吾輩は猫である』を0と1の数字のベクトルに変換する「one-hot encoding」を実装してみましょう。「one-hot encoding」は、「scikit-learn」の「preprocessing」を用います。同様に、コードはStep2からの続きになります。（　）を埋めて実行してみましょう。

```
import sklearn.preprocessing as sp
import numpy as np

target_text = " 吾輩は猫である " # 対象文の設定
target_tokens = t.( ① )(target_text, wakati=True) # 対象文を単語に分割（イテレータ）
target_tokens = [str(token) for token in target_tokens] # 単語ごとに配列に格納
```

```
one_hot_enc = ( ② ) .OneHotEncoder(sparse=False) # one-hot encoder の設
定
one_hot_enc.fit(np.array(tokens).reshape(-1, 1)) # 形状を正して one-hot
encoder にインプット
# 対象文を「one-hot」ベクトルに変換
result = one_hot_enc. ( ③ ) (np.array(target_tokens).reshape(-1, 1))
np.set_printoptions(threshold=np.inf) # 配列の要素をすべて表示させるように設定
print(result)
```

5×281の0か1で構成されたベクトルが出力として表示されれば成功です。

解答 ①tokenize、②sp、③transform

Step4 テキストデータを用いてWord2Vecで学習させてみよう

5

　今度は、「Word2Vec」という自然言語モデルを使ってみましょう。「Word2Vec」はStep3の「one-hot encording」と同様に、テキストデータを数値ベクトルに変換するために使われることが多いです。すでに学習されているモデルも取得できますが、せっかくなので「猫」という単語に対応した分散表現を表示するように学習させてみましょう。

　学習の前に、Step3では行わなかったテキストの基本的な前処理である文章の正規化を行います。ライブラリは「neologdn」を使います。これにより、1行で複数の種類の正規化を一括で行うことができます。その他、ルビや注釈などいらないものも削除しましょう。

　「Word2Vec」のモデルは、「gensim」というライブラリを使って学習させます。コードはテキストデータを読み込んだStep1の続きとなります。（　）を埋めた後、実行してみましょう。

```
!pip install janome
!pip install neologdn
from janome.tokenizer import Tokenizer
import numpy as np
import neologdn
import re
from gensim.models import word2vec
norm_text_data = neologdn. ( ① ) (text_data) # 文章正規化
norm_text_data = re.sub('\《.+?\》', '', norm_text_data) # ルビを削除
```

```
norm_text_data = re.sub('\ ※ .+?\]', '', norm_text_data) # 注釈の削除
norm_text_data = norm_text_data.（ ② ）('|', '') # ｜の削除

print(norm_text_data) # 正規化された文章表示

t = Tokenizer() # 形態素解析モデル定義（インスタンスの生成）

# 「。」を区切り文字として文単位に分ける
sentence_list = norm_text_data.（ ③ ）('。')
sentence_list.（ ④ ）(-1) # 最後尾のリストは空になるため削除

# 各文を単語に分割
sentence_word_list = [[str(token) for token in （ ⑤ ）] for sentence
in sentence_list]

# 単語のベクトルサイズ 30、出現頻度が 2 回以下のものを除外、対象単語の 4 単語前後を考慮、反
復回数 50 回でモデルを学習
model = word2vec.Word2Vec(sentence_word_list, vector_size=30, min_
count=2, window=4, epochs=50)
model.save('word2vec.model') # モデルの保存
print(model.wv['猫']) # 「猫」の分散表現出力
```

解答 ①normalize、②replace、③split、④pop、⑤t.tokenize(sentence, wakati=True)

　　実行結果は以下のようになります。Step1で出力した元の文章と比較して記号など
不要なものが削除されているのがわかるでしょう。自然言語処理モデルを構築する
上で、このような正規化の前処理が分散表現の質に大きく影響する場合もあります。

「吾輩は猫である」は雑誌ホトトギスに連載した続き物である。固より纏った話の筋
を読ませる普通の小説ではないから、どこで切って一冊としても興味の上に於て左
したる影響のあろう筈がない。
(-- 中略 --) 猫が生きて居る間は―猫が丈夫で居る間は―猫が気が向くときは―余も
亦筆を執らねばらぬ。

```
[-0.11699893 -0.18665679  0.39344278  0.10668625 -0.0008996   0.07517912
  0.12160087  0.12412847 -0.25035143  0.04369687  0.2185704   0.01231609
  0.07403585 -0.1528882   0.10484341 -0.07267185  0.19600752  0.07595237
 -0.08215099 -0.02182495  0.0551613  -0.06708982 -0.08414246  0.22608675
  0.16734985  0.11848817  0.18454105  0.1809534   0.06057346 -0.28518668]
```

Step5 学習させたWord2Vecを用いて
単語をベクトル化し、可視化してみよう

　最後にStep4で学習させたWord2Vecを用いてテキストデータの単語をベクトル化し、可視化してみましょう。2次元にプロットするため、単語をベクトル化した後に、PCAで2次元に圧縮させます。そして、圧縮した情報をもとに各単語を対応した座標に表示させましょう。デフォルトだとグラフ中に日本語を表示すると文字化けしてしまうので、「japanize-matplotlib」をインストールします。コードはStep4の続きです。（　）を埋めて実行してください。

```
!pip install japanize-matplotlib
from sklearn.decomposition import PCA
import matplotlib.pyplot as plt
import japanize_matplotlib

pca = PCA(n_components=2) # PCA で 2 次元に圧縮
vectors = pca.fit_transform(model.wv. ( ① ) ) # 圧縮実行

# 可視化
fig = plt.figure(figsize=(30,20)) # グラフの設定
for vect, word in zip(vectors, model.wv. ( ② ) ):
    # 第 1 成分を x、第 2 成分を y として座標にプロット
    plt.plot(vect[0], vect[1], marker='')
    # プロットした座標に対応する単語を表示
    plt.annotate( ( ③ ) , (vect[0], vect[1]))
plt.show( )
```

解答 ①vectors、②index_to_key、③word

　実行すると次ページのようなグラフが描写されます。単語同士が近いほど関連性が強いと解釈できます。今回は学習させたデータ量も少ないこともあり、しっくりくるようなものが少ない印象です。

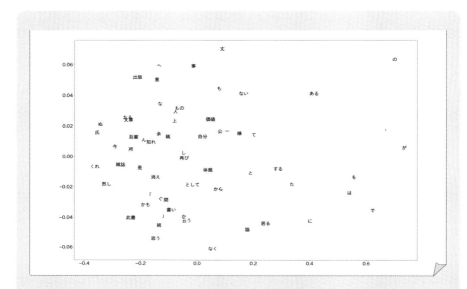

テキスト解析に必要な処理

◎ コンピュータの文字認識

テキスト情報をコンピュータに認識させるとき、そのままの状態ではコンピュータは文字を理解してくれません。では、どうしたら認識してくれるようになるのでしょうか。

私たちが扱うコンピュータは何億ものスイッチから構成されています。そのスイッチをオンオフすることでコンピュータは計算を行います。スイッチの状態がオフのとき「0」、オンのとき「1」というように、「0」と「1」の数字だけでコンピュータは処理をします。文字を入力して表示させる処理でも同様です。例えば、「あ」という文字を打ったとき、「あ」はコンピュータでは文字コードといわれる「00001」のような「0」と「1」で構成された数字の羅列で表現されます。その数列の情報を受け取って特定の場所のスイッチをオンオフにすることで、「あ」という文字を表示させています。

このように、コンピュータは数字に変換することで文字を認識します。いってしまえば数字しか扱うことができません。これは人工知能のモデルも同様です。モデルは数値計算を行うものなので、数値を入力情報として渡さないと動いてくれません。すなわち、**テキスト情報を数値情報に変換する**必要があります（図1）。

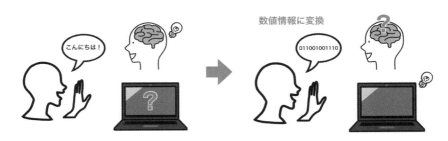

図1　人とコンピュータの認識の違い

テキスト情報を人工知能モデルに認識させるには？

　テキスト情報を数値情報に変換するには、いくつかの方法があります。1つは、**Label encoding**です。文字のような数字ではないものに番号を割り当てる方法です。先ほどの文字コードに変換する方法もこの部類になります。

　しかし、この方法はニューラルネットワークなど多くの機械学習では思ったような結果にはなりません。確かに数字には変換できますが、文字コードは単なる順番に割り当てられた数列にすぎず、その数字は大小に意味をもたないからです。つまり、**その単語の意味が特徴として表現されていない**のです。そのため、基本的にはモデルの入力情報としては使われません。

　機械学習の入力情報で主に使われるテキスト変換方法のひとつに、**one-hot encoding**があります。これは、単語を0か1のベクトル表現で表す方法で、その方法でつくられた数列を特に**one-hotベクトル**と呼びます。

　例えば、「人間」、「私」、「は」、「です」という順で4つの単語が辞書に登録されているとします。「私は人間です」という文をone-hotベクトルに変換するには、まず、この文を「私」、「は」、「人間」、「です」という単語に分解します。次に、「私」という単語は辞書の2番目に登録されている単語なので、ベクトルの2番目を1にして他を0にします。つまり、「私」は [0, 1, 0, 0] という表現になります。同様に、「は」は3番目なので [0, 0, 1, 0]、「人間」は [1, 0, 0, 0]、「です」は [0, 0, 0, 1] となります。最後にそのベクトルを結合し、それをその文全体のベクトル表現とします。すなわち、「私は人間です」は [[0, 1, 0, 0], [0, 0, 1, 0], [1, 0, 0, 0], [0, 0, 0, 1]] という 4×4 の数字ベクトルに変換できます（図2）。

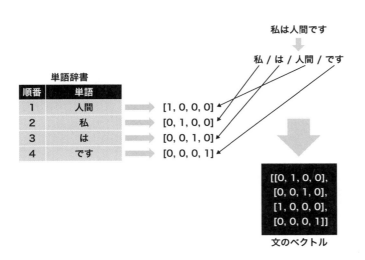

図2　one-hotベクトルに変換する方法

　このように、今回は辞書に登録されている単語が4つでテキスト中の単語も4つだったので4×4のベクトルで文が表現できましたが、これが数万もの単語を扱う場合は非常に大きなベクトルサイズになってしまいます。これでは、処理に時間がかかってしまったり、モデルによっては正確に予測できないなどの問題を引き起こす原因になってしまいます。one-hot encodingは現在でも使われている手法ですが、こういった問題を含んでいます。

　テキストデータを数値情報に変換する方法のその他の代表的なものとして、学習によって獲得された「**分散表現**」に変換するものがあります。分散表現とは、単語の意味を低次元の実数ベクトルで表したものです。昨今は蓄積データの巨大化やディープラーニングの発展によって、この方法が主流になっています。次項で紹介するWord2Vecもこの部類のひとつになります。

◎ 文を最小単位の要素に分解する

　さて、テキストを数字に変換する際、まず文を単語に分解する必要があることをお話ししました。人間ならば簡単にできる作業ですが、これをコンピュータでやろうとすると実は大変です。英語なら最初から空白で単語に分

けられているので簡単ですが、日本語では空白のようなわかりやすい切れ目の目印がありません。そこで、**形態素解析**と呼ばれる自然言語処理の手法が使われます。

　自然言語で意味をもつ最小単位のことを「形態素」といいます。形態素解析とは、分割用の辞書を使い、文をこの「形態素」という単位に分解し、各形態素がどの品詞に属するものなのかを分類します。例えば、「形態素解析で文章を単語に分割する」という文があったとき、「形態 / 素 / 解析 / で / 文章 / を / 単語 / に / 分割 / する」と分割した後、「形態（名詞）/ 素（接尾辞）/ 解析（名詞）/ で（助詞）/ 文章（名詞）/ を（助詞）/ 単語（名詞）/ に（助詞）/ 分割（名詞）/ する（動詞）」といった具合に、それぞれを品詞に分類します。

　形態素解析をするツールには、「Mecab (https://taku910.github.io/mecab/)」や、「JUMAN (https://nlp.ist.i.kyoto-u.ac.jp/?JUMAN)」など、様々なものがあります。Pythonライブラリでは、「janome」というものもあります。最近では、「Web茶まめ (https://chamame.ninjal.ac.jp/)」などのオンラインで実行できるものもあります（図3）。それぞれ採用されている手法や特徴が違っていますが、その中でも2017年にワークス徳島人工知能NLP研究所が開発した「Sudachi (https://github.com/WorksApplications/Sudachi)」は、より高品質なアウトプットで形態素に分解するだけでなく、文字の正規化など多くの機能を含んでいます。また、自然言語を扱うディープラーニングでは、「形態素」という区切りではなく、ニューラルネットワークを使うための最適な単語（トークン）に分割する「Sentence Piece」という手法もよく使われます。

辞書	文境界	書字形（＝表層形）	語彙素	語彙素読み	品詞	活用型	活用形	発音形出現形	仮名形出現形	語種	書字形(基本形)	語形(基本形)
現代語	B	形態	形態	ケイタイ	名詞-普通名詞-一般			ケータイ	ケイタイ	漢	形態	ケイタイ
現代語		素	素	ソ	接尾辞-名詞的-一般			ソ	ソ	漢	素	ソ
現代語		解析	解析	カイセキ	名詞-普通名詞-サ変可能			カイセキ	カイセキ	漢	解析	カイセキ
現代語		で	で	デ	助詞-格助詞			デ	デ	和	で	デ
現代語		文章	文章	ブンショウ	名詞-普通名詞-一般			ブンショー	ブンショウ	漢	文章	ブンショウ
現代語		を	を	ヲ	助詞-格助詞			オ	ヲ	和	を	ヲ
現代語		単語	単語	タンゴ	名詞-普通名詞-一般			タンゴ	タンゴ	漢	単語	タンゴ
現代語		に	に	ニ	助詞-格助詞			ニ	ニ	和	に	ニ
現代語		分割	分割	ブンカツ	名詞-普通名詞-サ変可能			ブンカツ	ブンカツ	漢	分割	ブンカツ
現代語		する	為る	スル	動詞-非自立可能	サ行変格	終止形-一般	スル	スル	和	する	スル

図3　「Web茶まめ」による形態素解析例

テキストを数字で扱うための Word2vec

◎ 学習によって単語の「分散表現」を獲得した Word2vec

2013年に米Googleの研究者トマス・ミコロフ氏らによって発表された「Word2vec」は、単語を学習によって獲得された「分散表現」に変換する画期的な手法として広く注目を集めました。**Word2vec**は、「同じ文脈に現れる単語は類似した意味をもつ」という分布仮説に基づいて開発されました。その単語のベクトル表現のことを**意味ベクトル**といい、従来の自然言語処理のアルゴリズムと比較して、様々な課題において飛躍的な精度の向上を果たしました。

one-hotベクトルでは使う単語の語彙数によって次元が決定されていました。一方、Word2vecでは、200次元程度の固定長ベクトルで、普段私たちが使う語彙数より圧倒的に少ない次元数で単語ベクトルを表せるようになりました。さらに、その「意味ベクトル」同士を足したり引いたりすることもできます。有名な例として、「王様」−「男性」＋「女性」＝「女王」というような演算処理が可能です（図4）。

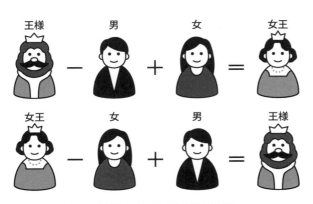

図4　Word2vecの特徴ベクトルの足し算と引き算

◎ 「CBOW」と「Skip-gram」

Word2vecは入力層、隠れ層、出力層の3層で構成されるニューラルネットワークです。そのモデルには、**CBOW**（Countinuous Bag-Of-Words）と**Skip-gram**の2パターンがあります。つまり、正確にはこの2種類のモデルのことをWord2vecと呼んでいます。

CBOWは、**文中のある単語の前後の単語から単語を予測するモデル**です。入力層では対象となる単語の前後（周辺）の単語を入力します。どのくらい前後の単語を入力するかはwindow sizeというハイパーパラメータで設定します。

入力する単語はone-hotベクトルで表されます。2つの単語のone-hotベクトルを入力して、対象単語のone-hotベクトルを予測します。出力層では各単語に対応した数値が出力されますが、その数値に対してsoftmax関数を通すことで、0〜1の値、つまりは各単語の確率に変換します。その各単語の確率ベクトルがそのまま対象単語のone-hotベクトルの値になるように学習させます。そして、その学習によって獲得された、隠れ層から出力される特徴ベクトルに対する「重み」が対象単語の「意味ベクトル」になります（図5）。

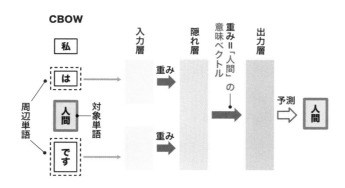

図5　CBOWの構造図

Skip-gramは、**文中のある単語からその単語の前後の単語を予測するモデル**です。CBOWでは周辺の単語から対象単語を予測しましたが、Skip-gram

はその逆になります。このモデルも入力層と隠れ層、出力層から構成されます。CBOWと大きく異なる点は入力層です。対象のone-hotベクトルを入力して、出力で周辺単語を予測します。この出力層もCBOWと同様に各単語の確率が出力されます。そして、対象単語のone-hotベクトルに対応する学習によって獲得された重みが対象単語の「意味ベクトル」として扱われます（図6）。

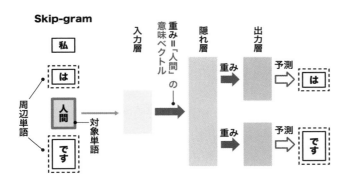

図6　Skip-gramの構造図

人工知能に関する
その他の言葉

　これまであらゆる人工知能に関する実装をしてきましたが、これはほんの一部です。人工知能の歴史も長いので、そこには研究者やエンジニアの努力によって築き上げられたものがあります。

　以降で実装するものも、その長い歴史の中で生まれたものの一部にすぎません。どれも人工知能初学者でも実装できて当たり前といっていいものになります。実装はPythonのライブラリを駆使すれば非常に簡単です。

Step1 カテゴリ変数を数値に変換しよう

　信号機の「赤」「青」「黄」のような定量的ではないもの（カテゴリ変数）を機械学習などの解析で扱うためには、数値として表現する必要があります。数値として扱うために、Pythonライブラリである「pandas」を用いて「ダミー変数」に変換してみましょう。

　まずはpandasでカテゴリ変数を含んだデータフレームを作成しましょう。作成したものはpandasのget_dummies関数を使うと、簡単にダミー変数に変換できます。（　）を埋めて実行してください。

```
import pandas as pd

# データフレーム作成
df = pd.( ① )({'科目':['国語','数学','理科', '社会'], '成績':['B',
'A', 'C', 'C']})
print(df)
# ダミー変数作成
df_dummies = pd.( ② )
print(df_dummies)
```

実行した結果は以下の通りです。科目、成績、それぞれの項目で0か1の数字で表現できました。このカテゴリ変数を0か1の数字に変換したものをダミー変数といいます。

```
   科目  成績
0  国語   B
1  数学   A
2  理科   C
3  社会   C
   科目_国語  科目_数学  科目_理科  科目_社会  成績_A  成績_B  成績_C
0     1       0       0       0      0     1     0
1     0       1       0       0      1     0     0
2     0       0       1       0      0     0     1
3     0       0       0       1      0     0     1
```

解答 ①DataFrame、②get_dummies(df)

Step2 欠損値の削除や補完をしてみよう

　計測機器などで取得したデータにはまれに欠損値があります。今回はこの欠損値を削除したり補完したりしてみます。この処理もPythonライブラリの「pandas」を使えば簡単に実装できます。

　それでは、実際にやってみましょう。まずは欠損値が含まれたデータを、Step1で作成したデータを使って作成します。欠損値を削除するためにはリストワイズ法を用い、補完するためには平均値補完を用います。(　)内を埋めて実行してみましょう。

```
import pandas as pd
import numpy as np

# 欠損値を含むデータ作成
df = pd.DataFrame({'生徒ID':['01','02','03', '04'], '国語':[50, 80,
np.nan, 74], '数学':[np.nan, 87, 82, 60]})
print(df)
df_listWise = df.( ① ) # リストワイズ法で削除
print(df_listWise)
df_meanImp = df.( ② )(df.( ③ )) # 平均値補完
print(df_meanImp)
```

　実行すると以下のようになります。リストワイズ法は、欠損値が1つでも入っている行を削除します。平均値補完は、欠損値を列の平均値で埋めていることが確認できます。

```
   生徒 ID     国語      数学
0    01    50.0    NaN
1    02    80.0   87.0
2    03    NaN    82.0
3    04    74.0   60.0
   生徒 ID     国語      数学
1    02    80.0   87.0
3    04    74.0   60.0
   生徒 ID     国語          数学
0    01    50.0    76.333333
1    02    80.0    87.000000
2    03    68.0    82.000000
3    04    74.0    60.000000
```

解答 ①dropna()、②fillna、③mean()

Step3 正規化・標準化をしてみよう

　機械学習モデルへデータを入力するときの前処理の方法のひとつである「正規化」および「標準化」を実装してみましょう。また、正規化・標準化した後は元の値に戻してみましょう。

　この処理はPythonライブラリの「scikit-learn」を用いれば手軽に実装できます。元の値に戻すことも簡単にできます。早速手を動かしてみましょう。

```python
from sklearn.preprocessing import StandardScaler, MinMaxScaler

# インスタンス作成
standerdize_scaler = StandardScaler() # 標準化
minmax_scaler = MinMaxScaler() # 正規化

data = [[0, 1], [2, 3], [4, 5], [6, 7], [8, 9]] # データ作成
data_std = standerdize_scaler.( ① )(data) # 標準化実行
data_mn = minmax_scaler.( ① )(data) # 正規化実行
print(data_std)
print(data_mn)

# 変換を元に戻す
data_std_inv = standerdize_scaler.( ② )(data_std)
data_mn_inv = minmax_scaler.( ② )(data_mn)
print(data_std_inv)
print(data_mn_inv)
```

結果は以下になります。最後は元のデータに戻っていることがわかります。

```
[[-1.414213562373095, -1.414213562373095], [-0.7071067811865475,
-0.7071067811865475], [0.0, 0.0], [0.7071067811865475,
0.7071067811865475], [1.414213562373095, 1.414213562373095]]
[[0.0, 0.0], [0.25, 0.25], [0.5, 0.5], [0.75, 0.75], [1.0, 1.0]]
[[0.0, 1.0], [2.0, 3.0], [4.0, 5.0], [6.0, 7.0], [8.0, 9.0]]
[[0.0, 1.0], [2.0, 3.0], [4.0, 5.0], [6.0, 7.0], [8.0, 9.0]]
```

解答 ①fit_transform、②inverse_transform

Step4 データ拡張をやってみよう

データが少ない場合や過学習を防ぐためには、データを増やすことが一番の近道です。これ以上データが収集できないときには、「データ拡張」という手元にあるデータを用いてデータを水増しする方法が可能です。

今回は画像を扱う上で基本的なデータ拡張を一通り実装していきます。このとき、PyTorchのtransforms関数を用いれば実装は簡単です。データ拡張を行う画像データは4-1で用いたMNISTデータセットの中の1枚を用います。その1枚のデータは変数「img」に格納されている前提です。（ ）内を埋めて実行しましょう。

```python
import torchvision.transforms as T
import matplotlib.pyplot as plt

# 一括処理の定義
transform = T. ( ① ) (
    [
    T.RandomHorizontalFlip(p=0.3), # 左右反転（30％の確率で実行）
    T. ( ② ) (p=0.3), # 上下反転（30％の確率で実行）
    T.RandomRotation(degrees=60), # 回転（0〜60度）
    T.RandomErasing(p=0.2), # 短形削除（20％の確率で実行）
    T.ToPILImage()
    ]
)
img_T = ( ③ ) (img) # 一括変換
plt.figure(figsize=(2, 2))
plt.imshow(np.asarray(img_T)) # 画像表示
```

上記コードを4回実行させた結果は次ページのようになります。

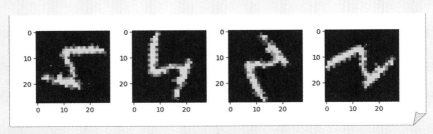

解答 ①Compose、②RandomVerticalFlip、③transform

カテゴリ変数の扱い方

◎ 数値で表せない変数の対処法

カテゴリ変数とは、重さや長さのように数値で表されない「青」、「黄」、「赤」のような同じ種類や性質に属する区分（カテゴリー）を表す変数です。言い換えると定量的に表せないものがこのカテゴリ変数になります。

それに対し、カテゴリ変数とは逆に、定量的に表せるものを**量的変数**といいます。カテゴリ変数は定量的に表すことができませんが、この情報を機械学習の入力として扱うためには、何としても数値に変換しなくてはなりません。

では、どのような方法で数値に変換できるのでしょうか。5-1-1を理解した人なら気付くでしょう。カテゴリ変数も、テキストデータと同様にone-hotベクトルで表現できます。血液型を例として見てみましょう。

血液型の種類は「A型」、「B型」、「AB型」、「O型」の4種類に分類されます。この「A型」、「B型」、「AB型」、「O型」という順番で辞書にも登録されているとします。そうすると、それぞれのone-hotベクトルでの表現は、「A型」が[1, 0, 0, 0]、「B型」が[0, 1, 0, 0]、「AB型」が[0, 0, 1, 0]、「O型」が[0, 0, 0, 1]になります（図7）。

辞書

順番	カテゴリ変数		ダミー変数		
1	A	⇒	[1, 0, 0, 0]	=	A
2	B	⇒	[0, 1, 0, 0]	=	B
3	AB	⇒	[0, 0, 1, 0]	=	AB
4	O	⇒	[0, 0, 0, 1]	=	O

図7　血液型のダミー変数

　ここで、今は4次元のベクトル情報になっていますが、実は3次元の情報に落とせます。0と1で4次元のベクトルを構成するとき、この4パターン以外にも [0, 0, 0, 0] という表現もあることがヒントです。つまり、4次元のベクトルでは5種類の表現ができるわけです。すなわち、「A型」が [1, 0, 0]、「B型」が [0, 1, 0]、「AB型」が [0, 0, 1]、「O型」が [0, 0, 0] という表現ができるようになります。

　このように、カテゴリ変数を0と1の変数に置き換えたものを特に**ダミー変数**と呼びます。ただし、one-hot encodingとやっていることは同じです。すなわち、ダミー変数とone-hotベクトルは同じものなのですが、扱う分野によって名前が使い分けられることが多いのです。

欠損値の処理をしてみよう

◎ 補完と削除

データを扱っていく上で、特に機械などで計測されたデータなどはデータが一部欠落していることが多々あります。例えば、動画からの顔認識です。顔認識の処理には、機械学習モデルを用いることが一般的ですが、その認識精度はモデルの精度に依存しています。つまり、動画の途中で、その画中にある顔がモデルでは顔として認識されないことが起こります。これが**欠損値**になります。そのとき、多くは「Nan」（欠損値）として空白データが入ります。この空白が入ったままの状態で機械学習モデルなどで解析しようとすると、一般的にはエラーになるため、空白状態を何かしらの値で埋めるか、削除しないといけません。

補完と削除、どちらの方法も考えられるのですが、データや方法によっては偏りができてしまったり、データの質が大きく変わってしまったりする可能性もあります。そこで、まずは、**なぜ欠損が起こってしまったか**を考える必要があります。例えば、その理由が顔認識プログラムなどでの認識精度によるものだとすると、その顔認識精度を上げるように前処理を工夫したり、顔認識のモデル自体を変えたりもできます。人手によるアノテーションなどの入力でのミスであれば、被験者がもう一度アノテーションをやり直すことも可能です。このように、原因を考えることである程度の対処ができるようになります。

続いて、**欠損値に対してどのような方法で対処すればよいか**を考えます。第1に、データは削除しても後続の処理に影響がない場合は補完よりも削除のほうが望ましいです。なぜなら、補完すると実際に正しいかどうかはわからないデータを混入させることになるため、データに歪みが生じてしまい、正しい解析ができなくなる恐れがあるためです。

万が一削除できない場合は、補完を考える必要がありますが、補完にも多

くの方法があります。例えば、簡単な方法として**平均値の代入**があります。例として、図8のように「2.0, NaN（欠損値）, 1.6, 0.3」という4つのデータがあるとすると、NaN（欠損値）以外の値を平均します。つまり、平均は、(2.0 + 1.6 + 0.3) / 3 = 1.3となるので、このNaN（欠損値）の箇所に1.3を入れます。このような平均値代入法は欠損値が完全にランダムに発生している場合に有効です。

データ A
2.0
NaN（欠損値）
1.6
0.3

補完 →

データ A
2.0
1.3　← (2.0+1.6+0.3)/3
1.6
0.3

図8　平均値で欠損値を補完

　その他にも、**回帰モデルを構築**して予測結果を埋めるものもあります。例えば、図9のようにB列とC列のデータがあるとすると、欠損値が含まれているB列を目的変数とし、C列を説明変数として回帰モデルに学習させます。そして、欠損値に対応するC列の値0.5を回帰モデルに入力した予測結果1.0を欠損値に代入します。なお、この方法は回帰モデルが適切に（ある程度精度が高く）予測できる場合に限ります。

　つまり、どの補完方法をとるにしても、**データの欠損状態や解析方法を考えながら決める**必要があるのです。

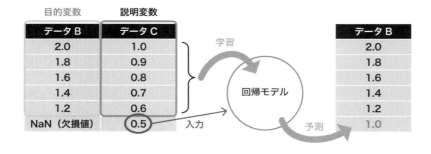

図9　回帰モデルで欠損値を補完

5-2-3　学ぼう！

正規化・標準化の
処理をしてみよう

◎ データを分析する上での基本的な前処理方法

　　データを分析するときや機械学習のモデルに入力する特徴量には様々な種類が含まれています。例えば、年齢、身長、体重を入力データとすると、年齢はだいたい20〜50歳の範囲、身長はだいたい150〜180cm、体重はおおよそ50〜80kgというように、各特徴量によって単位やそのデータのとる値が大きく違っています。これをそのままの数値を用いて機械学習などで分析すると、数値が大きすぎると影響が過小評価されたり、反対に数値が小さすぎると過大評価されたりなどして、正確な影響の評価ができません。そこで、正規化や標準化といった前処理が必要になます。

　　正規化とは、一般的に最小値を0に、最大値を1にする処理のことを指します。すなわち、0〜1の値に変換します。計算方法としては、（変換対象の値−最小値）/（最大値−最小値）になります。図10のようなx1〜x6のような数値がある場合、x3の40を変換する例として、x1〜x6の中での最小値は0、最大値は80となるので、式に代入すると、（40 - 0）÷（80 - 0）= 0.5となり、40は0.5に変換されます。

x1	x2	x3	x4	x5	x6
0	20	40	50	60	80

正規化（0〜1の値に変換）

x1	x2	x3	x4	x5	x6
0	0.25	0.5	0.625	0.75	1.0

$$\frac{40 - 0\,（最小値）}{80\,（最大値）- 0\,（最小値）}$$

図10　正規化の計算例

　標準化とは、平均が0、分散が1になるように変換することです。変換の公式は、変換対象の数値をXとすると、「(X − 平均値) / 標準偏差」で求まります。

　例えば、図11のようなx1 〜 x6の数値がある場合、平均値は (0 + 20 + 40 + 50 + 60 + 80) / 6 ≒ 41.7、標準偏差は、$\overline{x}$ を平均値、n をデータ数、x_i を i 番目の数値とすると、$\sqrt{\frac{1}{n}\sum_{n=1}^{n}(x_i - \overline{x})^2}$ で求められるので、これを計算すると、$\sqrt{\frac{1}{6}\sum_{n=1}^{6}(x_i - 41.7)^2}$ ≒ 26.1 となります。

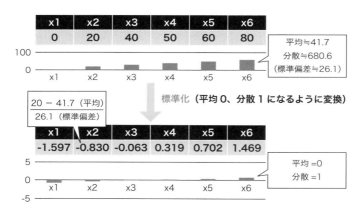

図11　標準化の計算例

　標準偏差と平均がわかったので、これを公式に代入します。すると、x2 (20) の場合は、(20 − 41.7) / 26.1 ≒ -0.83 となります。正規化のように数値自体を範囲内に収めるわけではないので、注意しましょう。こうすることで各特徴に対する影響の大きさ・重みについて平等に扱えます。ちなみに、決定木などの各特徴量の数値の大小で判断させるアルゴリズムでは、この正規化・標準化をする必要はありません。

5-2-4 学ぼう！

過学習に陥らないよう 訓練データとテストデータに 分けて利用する

◎ 汎用的な精度を求めるには？

　機械学習でデータを学習して評価する際に、その学習させたデータを用いて精度評価を行ってしまうと、その精度が本当にそのモデルの汎用的な精度になっているかがわかりません。

　このことは、学校のテストに置き換えて考えてみると容易に理解できるでしょう。私たちは、試験勉強では問題集で多くの問題を解きます。しかし、学習の成果を測るときには、それまで学習した問題をそのまま解くことはありません。どのような問題が出題されるかはあらかじめわからない試験によって実力を測ります。機械学習の場合も同じです。その学習させたモデルの実力を測るためには、学習させていないデータで評価を行う必要があります。そのため、正確な実力を測るためには、訓練（学習用）データとテスト（評価用）データを用意する必要があります。

　データセットを訓練データとテストデータに分ける方法には様々なものがあります。代表的なもののひとつに**ホールドアウト法**があります。これは、データセットをそのまま8:2などで訓練データとテストデータに分割する方法です（図12）。

図12　ホールドアウト法でデータセットを分割する

　また、**N分割交差検証法**（N-hold Cross-validation）という方法もあります。これは、データセットを訓練データとテストデータに分割したものをKパターン用意し、そのK個の各データセットについて、テストデータを用いて評価します。そして、最終的に得られた各テストデータの精度の平均をモデルの精度として扱うものです（図13）。精度を平均させるのではなく、テストデータに対する予測結果を結合させて、まとめて精度を評価する方法もあります。このようにすることで、データを有効に使ってモデル評価ができます。これ以外にも評価方法はありますが、よく使われるのはホールドアウト法とN分割交差検証法になります。

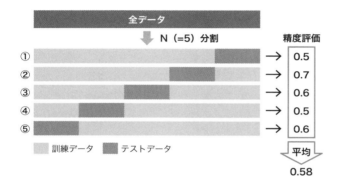

図13　N分割交差検証法でデータセットを分割する

　ただし、モデルのハイパーパラメータの調整を行うときには注意が必要です。ハイパーパラメータを変えて訓練データを用いて学習させた後にテストデータで評価し、また再度ハイパーパラメータを変えて学習しテストデータで評価……を繰り返すとバイアスがかかり、カンニングをしているような状態になってしまいます。これでは適切な精度評価が行えません。
　そこで、訓練データ、テストデータの他に**評価（ハイパーパラメータ調整用）データ**を用意します。ハイパーパラメータ変更後の精度を評価データで測定し、ハイパーパラメータを調整します。そしてハイパーパラメータを決定できたら、そのハイパーパラメータを使って学習させたモデルをテストデータで評価します。これによりバイアスの混入を防げます。

転移学習とファインチューニングを学ぼう

◎ 学習させたモデルの有効活用

　ディープラーニングで学習させたモデルは再利用ができます。その利用の仕方には、**転移学習**と**ファインチューニング**があります。どちらも、あるドメイン（領域）で学習させたモデルを別のドメイン（領域）に適応させる方法になります。

　例えば、動物を識別するように学習させたモデルがあったとします。その学習済みモデルを再学習させることで植物を識別させます。たとえるなら、プログラミング言語であるJavaの熟練者が同じオブジェクト指向言語のPythonを学習することに似ています。プログラミングをまったく勉強したことがない人よりも、1つでも他のプログラミング言語を使いこなしている人のほうが知識の吸収が早く、時間をかけずに習得できることは、複数のプログラミング言語に触れたことがある人ならわかるのではないでしょうか。それと同様に、転移学習やファインチューニングでも別のタスクで学習させておけば、手元に別タスク用の少量データがあれば短期間で習得できてしまいます。

　転移学習とファインチューニングの違いは、**学習させる「重み（パラメータ）」**の部分にあります。転移学習では、その「重み」は（取り出したネットワークの）**最終層の部分のみ**になります。つまり、最終層を新たな層に付け替えるイメージです（図14）。元の学習済みモデルが「ひまわり」、「アサガオ」、「桜」の3分類で、新たに学習させるタスクでは「犬」、「猫」の2分類だった場合は出力が3つから2つになるように変更します。言い換えると、学習済みモデルを特徴抽出器として用いるのです。このとき、特に抽出対象の層が決まっているわけではなく、どの層でも構いません。

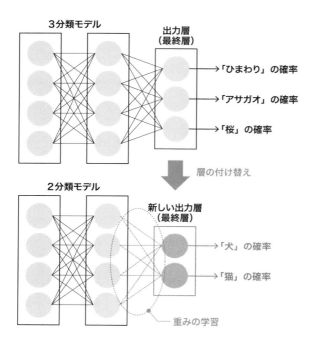

図14　最終層を付け替える転移学習の例

　一方で、ファインチューニングの場合、学習させる「重み」は**全体**、あるいは**部分的**になります（図15）。転移学習では（抽出器として取り出したネットワークの）最終層を新たな層に付け替えてイチからその層の重みを学習するのに対し、ファインチューニングでは学習の初期値として学習済みモデルの「重み」を使用し、再学習させます。転移学習のように必ずしも層を付け替えるわけではなく、入力データ（のドメイン）のみを変更して追加学習という形にすることも多々あります。例えば、「ひまわり」、「アサガオ」、「桜」の3分類の学習済みモデルがあるとすると、学習時に入力データのみを変更し、再度、「ひまわり」、「アサガオ」、「桜」の3分類の予測をするように学習させます。また、おのずと学習させるパラメータが転移学習よりも多くなるため、一般的にデータが少ないときは、ファインチューニングよりも転移学習のほうが有効になる可能性が高いです。

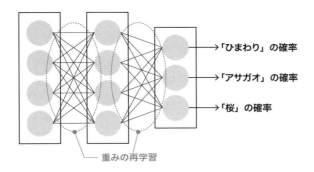

　　　　　　　　　├──→「ひまわり」の確率

　　　　　　　　　├──→「アサガオ」の確率

　　　　　　　　　├──→「桜」の確率

　　　　└── 重みの再学習

図15　重みを再学習させるファインチューニング

5

　その他の学習済みモデルを利用する方法に蒸留もありますが、これら2つと違い、主な目的は精度向上というよりもネットワークのコンパクト化になります。ここでは解説しませんが、興味がある方は調べてみてください。

データ拡張を学ぼう

◎ データ数が少ないときの対処方法のひとつ

　ディープラーニングのような大規模なデータが必要な機械学習を扱っていくと、誰もが大きな壁にぶつかります。それが**用意できるデータ量**（サンプル数）が足りないということです。

　それを解決する方法として前述の転移学習やファインチューニングがあるのですが、その他の典型的な方法として、**データ拡張**（Data Augmentation）があります。データの水増しという言い方をすることもあります。要するに用意したデータセットを用いてデータを増やすことです。

　画像の場合は、基本的なものに上下左右反転、上下左右平行移動、拡大と縮小、明るさ、回転、ノイズ付与などがあります。少し応用したものだと、「**せん断**」という平行四辺形に変換する方法（図16）や、さらには画像中の局所的な箇所について短形を切り出す「**Cutout**」という方法（図17）、2枚の画像とラベルを使ってある割合で合成し、新たな画像とラベルを生成する「**Mixup**」という方法（図18）などもあります。「ノイズ付与」や「Mixup」などは、画像データだけでなく、センサーデータなどにも使えます。

平行四辺形に歪んだ状態に変換される

図16　画像のせん断例

図17　画像のCutout例

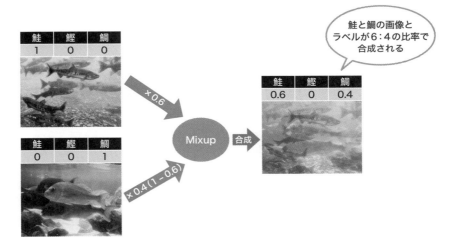

図18　画像のMixup例

　データ拡張の方法は、このように山ほどあります。その方法は画像データ
での使用に限定されていたり、生体データに適したものであったりと、種類
も様々です。いずれもデータの補完にすぎないので、こういった方法に頼ら
ずに生データを実際に収集するほうが精度向上への貢献という意味では効果
的です。

第5章のまとめ

- コンピュータに情報を認識させるためには、どんな情報も数値に置き換える必要がある
- one-hot encodingとは、単語を0か1のベクトル表現で表す方法で、その方法でつくられた数列を特にone-hotベクトルと呼ぶ
- Word2vecを用いれば、単語を学習によって獲得された分散表現に変換できる
- 定量的に表せないものをカテゴリ変数といい、カテゴリ変数を0か1のベクトルで表現したものをダミー変数という
- データに欠損がある場合、補完する方法と削除する方法があり、後続の処理に影響がない場合は補完よりも削除のほうが望ましい
- 正規化とは最小値を0、最大値を1にする処理のこと、標準化とは平均が0、分散が1になるように変換することを指す
- 人工知能のモデルを構築する際、訓練するためのデータと評価するためのデータに分ける必要がある
- 転移学習やファインチューニングは、あるドメイン（領域）で学習させたモデルを別のドメイン（領域）に適応させる方法である
- 用意できるデータ量（サンプル数）が足らないという問題を解決する方法のひとつとして、データ拡張が挙げられる

Q1 ダミー変数 (one-hotベクトル) でないものはどれでしょうか?

    (A) [1, 0, 0]

    (B) [0, 1, 0]

    (C) [0, 0, 1]

    (D) [1, 1, 0]

Q2 「1, 2, 3, 4, 5」を正規化したものを選択してください。

    (A) [0, 0.25, 0.5, 0.75, 1.0]

    (B) [-1.41, -0.71, 0, 0.7, 1.41]

    (C) [0.33, 0.66, 1, 1.33, 1.66]

    (D) [0.2, 0.4, 0.6, 0.8, 1.0]

Q3 人工知能のモデルを学習させるときのホールドアウト法の説明で正しいものはどれでしょうか?

    (A) データを訓練データとテストデータに分ける。訓練データで学習し、テストデータでモデルの精度評価を行う

    (B) データを訓練データとテストデータに分ける。テストデータで学習し、訓練データでモデルの精度評価を行う

    (C) データを訓練データとテストデータに分ける。訓練データで学習し、テストデータでモデルのハイパーパラメータの調整を行う

    (D) データセットを訓練データとテストデータに分割したものをKパターン用意し、各データセットについて、テストデータを用いて評価する

Q4 次のうち、ファインチューニングの説明として最も適切なものはどれでしょうか?

    (A) 分類予測の学習済みモデルの最終層を削除し、代わりに2つの層を結合してモデルを構築させた

    (B) 学習済みモデルのすべての層の重みを再学習させ、新たなモデルを構築した

    (C) 学習済みモデルを使って画像特徴量を抽出し、その特徴量を用いてモデルを構築した

    (D) 3分類予測の学習済みモデルの最終層を付け替えることで4分類予測モデルにした

解答   **A1.** D

        A2. A

        A3. A

        A4. B

人工知能をつくるために
扱うデータを学ぼう

～どんなデータがあるのか？～

人工知能のエンジニアとして、新しいサービスをつくっていこうと考えた場合、すでに世の中に登場している人工知能サービスにはどのようなものが存在するのか、また、どのようなデータが活用されているのかを知っておくことは重要なことです。

本章では、データを活用した先進的なサービス事例を紹介します。

6-1

やってみよう！

人工知能には様々なデータが用いられている

　これまでの章で人工知能の構築方法やアルゴリズムを学んできました。人工知能を構築するためにはデータが不可欠です。人工知能を構築するためのデータにはどのようなものがあるのでしょうか。

　本章では、人工知能が用いられる代表的なデータについて事例とともに学んでいきます。

Step1　データにはどういうものがあるか考えてみよう

　これまでの章の中でもデータに触れながら、実践的にPythonのコーディングを行ってきましたが、改めて、身の回りにどのようなデータがあるか考えてみましょう。データが爆発的に増大し、その管理に頭を悩ませるシーンも多くなってきました。身近なところにもたくさんのデータがあるはずです。

- ・
- ・
- ・
- ・
- ・
- ・

解答例 ホームビデオで撮った動画データ、旅行先で撮影した写真データ、スマホアプリなどで管理している健康データや家計簿データなど。身の回りにたくさんのデータがあるので、探してみてください。

248

Step2　データからどのような情報を手に入れたいかを考えてみよう

　身の回りにたくさんのデータがあることがわかりました。それぞれのデータからどのような情報を得られると便利に感じるでしょうか。自分が不便に感じている、あったら便利だと感じるものは新しいソリューション開発のチャンスになるはずです。

```
・
・
・
・
・
・
```

解答例 ホームビデオで撮影した動画データの中にどのようなシーンが映っているのかすぐにわかるように時間とキャプチャー映像を一覧化したい、旅行先で撮影した写真データを行き先ごとにまとめてカテゴリー化して保存したい、など

6

画像データを用いたサービス

◎ 人工知能が用いられているデータの代表例「画像データ」

これまでの章では、人工知能に用いられているアルゴリズムやアルゴリズムを用いるために必要なデータの前処理など、実践的な観点からPythonで人工知能を構築するための技術を紹介してきました。

人工知能にデータが不可欠であることはいうまでもありません。本章では、世の中でどのようなデータが使われて人工知能の開発が行われているのか、代表的なデータやその利活用例を紹介します。事例を知ることで、いざ自分で人工知能を用いたサービスをつくろうと思ったときに、**どのようなデータをどのようにサービス化するかというイメージを得ることができ、世の中のニーズを捉えること**にも役立ちます。

まずは、**画像データを用いたサービス**をいくつか紹介します。画像データは、人工知能が用いられている最も代表的なデータといっても過言ではないでしょう。深層学習の発展に伴って、応用ソリューションがたくさん世の中に登場しています。スマートフォンで誰でも簡単に写真や動画を保存し、SNSなどで簡単に他人とシェアできるようになったことで、画像処理を用いた人工知能のアプリ開発も急速に進んでいます。

◎ スマホアプリには画像を用いたサービスがたくさん登場している

前述のように、画像を用いた人工知能のサービスで私たちに最もなじみ深いのが、スマホアプリではないでしょうか。スマホアプリは次から次へと新しいものが登場するため、すべてを紹介することは不可能なので、いくつか代表的なものに絞って紹介します。

　例えば、スマートフォンに標準搭載されている機能にも**画像解析**の人工知能を用いたものがあります。スマートフォンのロックを解除するための**顔認証機能**はそのひとつです。あらかじめ撮影して登録しておいた個人の顔画像と、スマートフォンの前にかざした顔が一致すればスマートフォンのロックを解除し、一致しなければ解除しないという単純な機能ですが、この機能を実現するための顔認証にも人工知能は用いられています。また、カメラを起動した際に活躍する顔認識によるオートフォーカス機能にも人工知能が用いられています。画角内に人物の顔が写っていれば自動的にフォーカスされ、人物の顔をきれいに写せるようになっています。

　このようにスマートフォンの標準機能にも人工知能が使われていますが、サードパーティ製のアプリにもたくさんの画像解析の人工知能が用いられています。SNSの普及から、今や若者の間で不可欠となっているのが画像加工の人工知能ではないでしょうか。自撮り画像をSNSにアップロードするために、画像の一部を加工して小顔にしたり、メイクを施したりといったことができるアプリがたくさん登場しています。また、人物画像をアニメ調にしたり、絵画調にしたりといった、画像のテイスト自体を変えてしまうようなアプリも登場しています。例えば、AI Picasso社が開発する「AIピカソ」というアプリでは、顔写真を10 〜 20枚読み込むことで、写実風のイラストに変換した画像を生成することが可能です（図1）。

6

AI Picasso 社が開発する
「AI ピカソ」

人工知能によって写真のテイストを
自由に変えられる

図1　画像のテイストを変えるアプリ「AIピカソ」

　また、レシートを撮影した画像から自動的に家計簿を付けるアプリや、顔画像から自分のその日の体調管理ができるヘルスケアアプリも登場しています。例えば、NTTデータ社は、スマートフォンのカメラで顔画像を30秒間撮影すると、心拍数やストレスサインなどの情報を解析し、ウェルビーイングの程度を算出できるアプリを、カナダのNuraLogix社の技術を用いて提供しています。NuraLogix社の「Anura」というアプリを実際に使った結果を図2に示しています。

図2　NuraLogix社の「Anura」アプリによる測定

工場で利用される画像を用いた人工知能

　スマホアプリには様々な種類が登場しており、私たちになじみの深いサービスもたくさん登場しています。

　一方、法人向けのサービスで、私たちが普段目にする機会の少ないサービスに人工知能がどのように使われているかを知る機会は少ないです。法人向けのサービスもいくつか紹介しておきます。

　まずは、工場で使用されている人工知能です。工場では日々製品の生産が

行われています。工場で生産されたものが出荷され、店頭に並べられて私たちの手元に到着します。これが通常のサプライチェーンの流れです。

　私たちの手元に安全で欠陥のない製品を届けるために、工場で実施している作業の1つに検査という作業工程があります。様々な検査があるうちの1つに外観検査があります。これは、出来上がった製品にひびや欠け、汚れなどが発生していないかどうかを確認する作業です。この作業は目視で行われる場合も多いですが、機械化することで効率化しようという取り組みもあります。

　そこで登場するのが、画像を用いた人工知能です。生産ラインで組み立てなどを行った製品の最後の工程で、製品の外観の画像を取得し、人工知能によって画像中からひびや欠け、汚れなどが発生していないかを確認します。人工知能は100％の精度を実現することは難しいですが、ベテランの外観検査のノウハウを人工知能に搭載することで、新人でも見落としのリスクを減らすといった効果を期待できます。

　また、工場では大量の製品が生産されるため、疲れなどによる見落としが発生することも人工知能で防ぐことが期待されます。例えば、沖電気工業社では、「外観異常判定システム」という人工知能によってリアルタイムに製品の外観の異常を判定し、結果を出力するシステムを開発しています（図3）。そのシステムを自社の本庄工場に導入したことで、組立工程の作業ミスの見逃しをなくすことに成功したという結果を報告しています。

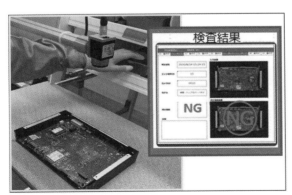

画像提供：沖電気工業（株）

図3　沖電気工業社の外観異常判定システム

◎ 設備点検で利用される画像を用いた人工知能

　先ほどは、工場内での完成品の外観検査を取り上げました。人が目視で点検する作業は、外観検査に限りません。

　代表的な目視検査に、橋梁の支柱や建造物の壁にひび割れなどが発生していないかを確認するような保全点検業務が存在します。人工知能の使い方は工場ラインにおける外観検査と同様です。点検したい対象物の画像を取得し、それを人工知能で解析し、ひび割れが発生していないかを検出するのです。

　工場ラインの課題と同様に、ベテランと新人の技量の差や見落としが発生することを回避することが人工知能の大きな役割ですが、保全点検業務の場合には、さらに、もうひとつ大きな課題があります。それが、点検時の作業員の安全確保という課題です。橋梁や建造物の点検には高所作業がつきものです。また、通常の保全点検作業以外に、橋梁や建造物の場合には、災害時点検などの緊急点検の作業が行われることもあります。その場合には、思いがけない突風が吹くことによる危険が発生しかねません。

　そこで、設備点検の場合には、画像の取得をできる限り安全に行うための工夫も施されています。代表例のひとつが**ドローンの活用**です。ドローンにカメラを搭載し、そのカメラで撮影した画像を人工知能で解析する方法がとられる場合があります。ドローンを活用することで高所作業を回避し、地上から橋梁や建造物に接近することが可能になり、作業員の安全を確保した上で、効率的な作業を実施できるようになります。例えば、日立パワーソリューションズ社とセンシンロボティクス社が共同開発したシステムでは、自動飛行機能を備えたドローンによって風力発電設備のブレード（羽根）の撮影を行い、得られた画像を人工知能で解析し、外部の損傷や劣化箇所の抽出を自動化することで、点検の効率化を実現しています（図4）。

　このように、画像を取得する手段を工夫することで、人工知能を搭載したソリューションをつくり上げるという取り組みも進められています。

ドローンを用いたブレード点検のイメージ　　　　人工知能による損傷箇所の抽出
画像提供：（株）日立パワーソリューションズ

図4　日立パワーソリューションズ社とセンシンロボティクス社によるドローンを用いた設備点検

◎ 防犯用途の画像を用いた人工知能

　私たちのスマートフォンと同程度あるいはそれ以上に画像をたくさん撮影して収集しているのが防犯カメラではないでしょうか。商業施設はもちろんのこと、近年では個人宅にも防犯カメラを設置するようになり、街の至るところで見かけるようになりました。

　防犯カメラは、これまで撮りためたものを後から問題が起こったときに確認する用途や、常時警備員が画面を見張るという用途で使うことが一般的でした。近年では、それでは効率が悪いことや、事件が起きているにもかかわらず見逃してしまうといった懸念があることから、防犯カメラにも人工知能を導入することでインテリジェント化していこうという動きが進んできています。

　例えば、事故などの何らかの事象が発生した場合に、人工知能で検出し、警備員に通報する使い方が代表例です。これには、アジラ社の製品事例などがあります。同社では、防犯カメラの中に映る人の行動を人工知能によって解析することで、不審行動などを検出し、警備員に通報することで警備体制の強化や効率化を実現するシステムを開発し、阿蘇くまもと空港で実証実験の取り組みを行っています（図5）。他にも、防犯カメラに顔認証技術を搭載することで、特定の人物を検出するような技術も登場しています。

図5　アジラ社のAI警備システムの利用イメージ

　顔画像は個人情報に該当するため、防犯カメラで撮影した画像をどの程度活用してよいのかは、個人情報保護法や、社会の受容性や倫理的な課題などのハードルがありますが、技術的には可能になってきています。

病院で使う画像を用いた人工知能

　病院でも多くの画像データが日々やり取りされています。例えば、私たちが健康診断や人間ドックを受けた際には、レントゲン撮影やMRI撮影、胃内視鏡検査、腹部超音波検査など、画像を撮影して、医師がその画像をもとに健康であるか精密検査が必要になるのかといった診断を行っています。このような医療で用いられる画像に対しても、人工知能を用いて医師の診断を支援するようなサービスがいくつか登場しています。

　例えば、2018年に日本ではじめて画像に対して人工知能を用いてサービス化されたのが、サイバネットシステム社が名古屋大学・昭和大学と共同開発した大腸内視鏡画像診断ソフトウェアです。大腸内視鏡検査を実施する際、大腸内で撮影された画像内のポリープが良性か悪性かを、リアルタイムに人工知能が判別することで、医師の大腸内視鏡検査の支援を行うことができます（図6）。他にもレントゲン画像から肺炎を検出するシステムや乳房超音波画像から乳がんを検出するシステムなど、2018年以降次々と人工知能を用いた新しいサービスが登場しています。

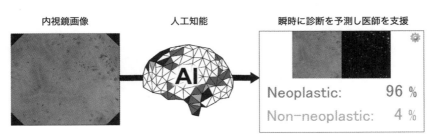

内視鏡画像　　　　　人工知能　　　　　瞬時に診断を予測し医師を支援

Neoplastic: 96 %
Non-neoplastic: 4 %

画像提供：サイバネットシステム（株）および昭和大学横浜市北部病院

腫瘍の可能性：96%
非腫瘍の可能性：4%

図6　サイバネットシステム社の大腸内視鏡画像診断支援ソフトウェア「EndoBRAIN®」

　また、これまで医療機関で撮影することがなかった画像を用いることで、新しい医療機器を開発しようという動きもあります。例えば、インフルエンザの診断支援のための医療機器が開発されています。これまでインフルエンザの診断のためには、鼻から粘液を取得することで検査薬を用いて検査することが一般的でしたが、のどの画像などを撮影することで、その画像からインフルエンザの検査を行う医療機器が開発されています。これは、2022年に医療機器として承認を受けています（図7）。

　医療における人工知能を用いたサービスは、2018年以降増えていますが、今後もたくさんのサービスが登場することが期待されています。

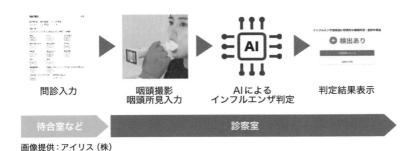

問診入力　　　　咽頭撮影　　　　AIによる　　　　判定結果表示
　　　　　　　　咽頭所見入力　　インフルエンザ判定

待合室など　　　　　　　　　　診察室

画像提供：アイリス（株）

図7　新医療機器によるインフルエンザ検査の流れ

6-1-2　学ぼう！

テキストデータを用いた
サービス

◎ 大きな変革期にあるテキストデータを
用いたサービス

　テキストデータを用いたサービスは、**ChatGPTの登場によって大きな変革
があった**といえるでしょう。ChatGPTの出現以前には、テキストデータは非
構造化データで、最も扱いづらいデータのひとつでした。それが**大規模言語
モデル**の出現によって、大きく様相が変わることになりました。

　大規模言語モデルの出現以前・以後の変化は、画像データにとっての深層
学習と同じようなものといえます。大規模言語モデルの出現以前には、特徴
量をうまく捉え、アルゴリズムによって文章をうまくつくり出すための工夫
を行っていました。また、文章の正誤判定やクイズのような一問一答を正解
するために、大量の事前知識を学習することで、検索システムを高度化させ
ることに力が費やされていました。

　しかし、大規模言語モデルの出現以降は、大量の文章データさえ用意すれ
ば自動的に学習が進み、自然な文章を生成し、一問一答に答えられるように
なったのです。まさに画像データに対して深層学習を行ったときと同じ変化
が起きたといえます。データが論理を超越し、論理ではアウトプットが説明
しづらい世界が訪れたのです。

　深層学習の登場が2012年で、それ以降様々なサービスが登場したことを
思えば、2022年のChatGPTの登場を機に、今後10年かけて、様々なテキ
ストデータを用いたサービスが登場することは容易に想像ができます。これ
までに登場しているテキスト解析サービスの精度が飛躍的に向上することが
最初の第一歩になるでしょう。ここでは、ChatGPT以前から存在するサービ
スを中心にいくつか紹介します。

◎ ChatGPTの登場で変化が起きる 可能性があるチャットボット

テキストデータを用いた代表的なもののひとつに**チャットボット**を用いたサービスがあります。

チャットボットは、LINEなどをはじめとするコミュニケーションアプリの普及に合わせて手軽に利用できるようになったサービスのひとつです。LINEでは、「LINE Bot」というサービスを展開しており、LINE上で、質問への自動応答を行うプラットフォームサービスの提供を行っています。例えば、郵便局もLINE上でチャットによる自動応答サービスを提供しており、荷物の再配達や追跡をLINEのやり取りでできるようになりました。これまで電話で対応していた再配達をLINEで自動的に受けることで、郵便局側も再配達を受ける私たちも利便性が上がりました（図8）。

図8　郵便局のLINEのチャットボットサービス

これまでのチャットボットサービスは、ボタン入力や短文のキーワードを入力して自動応答するのが一般的でした。そのため、チャットボットサービスだけでは複雑な質問に答えづらく、複雑な質問を展開したいときには、ボタン入力や短文の入力によるやり取りを複数回繰り返して答えてもらうしかありませんでした。しかし、ChatGPTの登場で、長文の入力のスムーズな応答が実現できる可能性があり、今後のさらなる発展が期待されます。

◎ 翻訳サービスは最も普及している テキスト解析サービスのひとつ

ChatGPTの登場以前から普及しており、テキスト解析サービスの最も代表

的なものといえるのが**翻訳サービス**です。海外とやり取りする際に、使っている人も多いのではないでしょうか。

　代表的なサービスとしてなじみ深いのは、Google翻訳です。Google翻訳は無料で利用できる上、100以上の言語に翻訳できるので、非常に利便性が高いサービスといえます。サービス開始当初は思うような結果が得られず、手直しをたくさん行わなければ意味がわからない文章になっていました。しかし、2017年にニューラル機械翻訳を用いた**DeepL翻訳**が登場したことで翻訳の精度が急速に高まり、違和感なく翻訳できるようになりました。

　なお、ChatGPTでも翻訳ができます。大規模言語モデルの登場は、翻訳サービスの競争環境を劇化させ、今後のさらなる改善が期待されます。

◎ 今後ますます普及が期待される テキスト解析サービス

　テキストデータは、サービス化や普及がまだまだこれからの分野のひとつです。その中でも先行しているものを最後にいくつか紹介します。

　テキストを用いた人工知能のサービスのひとつに、スパムメールとビジネスメールの自動振り分けの機能があります。広告や販促メールであればよいのですが、スパムメールの中にはウイルスが仕込まれている危険なものも混じっています。メールの文章を人工知能によって解析することで、スパムメールの判定および自動的な振り分けができれば、予期せぬ危険を回避できます。

　また、人工知能を用いた文章要約サービスも登場しています。ChatGPTによって自然な文章を生成できるようになり、今後さらなる精度の向上やサービスの増加が期待される分野のひとつといえます。

　3-2-1の教師なし学習のところで簡単に紹介しましたが、膨大な研究論文やSNSなどのデータからトレンド情報や新たな知見を得るような取り組みもテキスト解析の人工知能で実現できる分野のひとつです。特に論文の情報は、新薬の発見などにも応用が期待されています。

音声データを用いたサービス

◎ 音声データを用いたサービスの分類

　音声データを用いたサービスとテキストデータを用いたサービスには、似たようなものがたくさん登場しています。それには理由があり、音声データは音として処理することもありますが、音声を一度テキストに変換（**音声認識**と呼びます）したのち、そのテキストを解析してサービスを提供する場合が多いからです。

　すなわち、音声データを用いた人工知能のサービスは、次の3通りに分けられます。

　　①音声データをテキスト化するサービス
　　②音声データをテキスト化して解析した結果を用いて提供するサービス
　　③音声や音データ自体を用いるサービス

　音声データを入力とする人工知能のサービスを扱う場合には、**どの範囲のサービスとして提供するのか、どこに強みを置くか**は重要なファクターとなります。

◎ 音声データをテキスト化するサービス

　音声のテキスト化の精度は、近年格段に向上しています。日本語や英語のテキスト化はもちろんのこと、方言や専門用語などに対応できる範囲も増えています。音声データのテキスト化には、音声とテキストの対応関係を学習させた人工知能が用いられます。ここでは、テキスト化を用いたサービスを紹介します。

　音声データをテキスト化するだけでサービスができるのかと驚くかもしれ

ませんが、例えばSiriを使って簡単なメールの文章を音声で入力し、キーボードを使わなくともメールメッセージを完成させるような使い方は、ビジネス誌の時短術などで紹介されることもあります。

このような音声をテキスト化するだけで価値があるもののひとつに**コールセンター業務**があります。コールセンターでは、多くのお客様から商品に関する問い合わせを受けていますが、お客様との会話履歴を残しておき、サービス品質を向上していく必要があります。その際に、応答内容をテキスト化するサービスを活用できます。お客様とのやり取りがテキストで残っていることで、後でやり取りを見返すことも容易になります。テキスト化したものを要約したりFAQシステムを構築したりすることで、応答精度を高めたり、応答を自動化したりするといった発展性もあり、コールセンターのDXにつなげていくサービスも登場しています（図9）。また、会議録の作成の際にもこのようなサービスを利用でき、オンライン会議などで会議の文字起こしサービスを活用する機会が増えている人もいるのではないでしょうか。

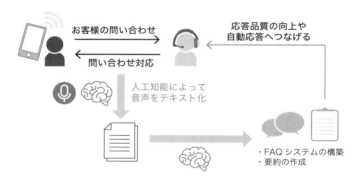

図9　コールセンター業務に対する人工知能応用のイメージ

音声データをテキスト化して解析した結果を用いて提供するサービス

音声データをテキスト化して解析した結果を用いて提供するサービスとして最もなじみ深いのは、スマートフォンに搭載されている**音声検索サービス**では

ないでしょうか。"Hey Siri"、"Ok Google"、"Alexa"などの声掛けによって起動するサービスは、誰でも一度は目にしたことのあるサービスでしょう。

　このサービスはまさに、音声データを人工知能によってテキスト化し、テキストを再び人工知能で解析し、その結果をもとにサービスを実行しています。"Hey Siri、今日の天気は？"というユーザーの問いかけに対して、今日の天気が聞かれていると判断し、天気予報のサービスと連携することで、"今日の天気は晴れです"などと返答します。この一連の動作に人工知能が深く関わっています。

　また、コールセンター業務に対するサービスとしては、**IVR**（Interactive Voice Response）という電話の音声入力を受け付け、その内容をもとに自動で応答するようなサービスも展開されています。先ほど、音声データのテキスト化がコールセンターで使われていることを説明しましたが、前提にあるのは、コールセンターで人間のオペレーターが電話対応することでした。一方、IVRでは、まず人工知能が電話に対して応答し、自動的に答えられる部分は人工知能で答え、答えられない質問は人間のオペレーターにつなぐハイブリッドなサービスとして提供することも可能で、都築電気社では、そのようなシステムを構築しています（図10）。これにより、一層の業務効率化を実現できます。

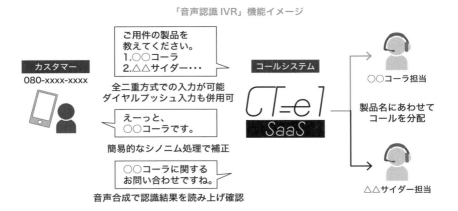

図10　都築電気社の人工知能を用いたIVR

　スマートフォンの音声検索サービスも IVR も、いずれもテキスト解析の人工知能が深く関わっています。6-1-2 で述べた通り、ChatGPT の出現によって、大きな変化が訪れる可能性が高い業界のひとつです。

◉ 音声や音データ自体を用いるサービス

　これまでは、音声をテキスト化するサービスを紹介してきましたが、音データ自体を人工知能で分析することで何らかの知見を得るサービスも登場しています。

　代表的なサービスに、**異常検知サービス**があります。機械が動作する際には、モーター音などの様々な音が出ています。この音を取得して解析することで、機械の動作不具合の予兆を人工知能によって検出したり、動作不調を検出したりするサービスがあります。NTT テクノクロス社で提供する人工知能を用いた機械設備の異常音の検知システムでは、機械設備のわずかな異常音を検出し、利用者へと通知ができます（図11）。また、人の発する声を人工知能で解析することで、ストレスや病気の判別に利用するサービスも登場しています。

図11　NTT テクノクロス社の機械設備異常音検知

IoTデータを用いたサービス

◉ 様々なデバイスが登場、IoTデータを用いたサービス

あらゆるものがインターネットに接続する世界という概念が提唱されて何年もの歳月が経過しました。**IoT**（Internet of Things）という言葉の登場は1999年にさかのぼり、モノのインターネット化が急速に進んできました。近年では、IoTで収集したデータを人工知能で解析する試みも散見されるようになりました。

前項にて、音データを用いるサービスを紹介しました。具体的には、機械音を用いて機械の動作不具合の予兆を検知するような異常検知サービスです。そこで紹介した音を収集するためのデバイスもIoTのひとつとして考えられます。機械自体や機械付近に音を収集するためのマイクなどを設置し、マイクをインターネットに接続して常時音データを収集することでIoT化が実現できます。通常、人工知能を用いる際は大規模データを扱うため、クラウド上でシステムを構築することがほとんどです。IoTと人工知能は切っても切れない関係にあるといっても過言ではありません。

また、IoTを生体センシングに特化させ、人工知能を活用することで健康増進やヘルスケアに用いられる例も増えてきています。スマートウォッチなど腕時計型デバイスに心拍を測定する機能が備わっているものが登場し、肌着などにセンサーを搭載して運動中の心拍を測定することが可能になるなど、様々な形のデバイスが登場しています。

◉ IoTデータを用いたサービス

IoTのデータ解析サービスとして最も有名なのが、GEによる航空機のエンジンサービスです。GEは、航空機のエンジンメーカーとして、多くの航空機

に対してエンジンを納入していましたが、IoT化することで、いつでもエンジンの稼働状態を見られるようにしました。これにより、航空機のエンジンの状態をリアルタイムに把握できるようになったことに加え、異常な状態にいち早く気付けるようになり、事故の予防もできるようになりました。このようなIoTデータをもとにした事故の予防や故障予知といった人工知能を活用したサービスに対して、昨今注目が集まっています。

　エンジン以外にも、工場で稼働する産業用機器などをIoT化することで工場の稼働状態を把握し、ラインで稼働中の機器が故障してしまうリスクを未然に防ごうとする取り組みが進んでいます。

　IoTで収集できる情報には、様々なものがあります。例えば、温度センサーを搭載すれば機械の温度を計測でき、異常な温度が観測されたら異常通報することが可能になります。また、加速度センサーを取り付け、振動の状態を収集することで、異常な振動を計測した場合に通報するといったシステムも検討できます。

　このように各種センサーから得たデータをIoTでクラウド上に集約し、人工知能によってセンサーデータを解析することで各種サービスが提供できるようになります。このような考え方に基づくインフラ設備の異常予兆検出技術を用いた保全サービスをNECファシリティーズ社が提供しています（図12）。

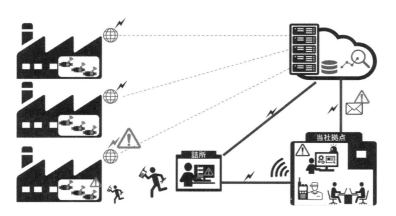

図12　NECファシリティーズ社の設備の異常予兆検出の保全サービスのイメージ

◉ 生体データを用いたサービス

　計測機器が小型化したことで、**生体データ**の収集も容易にできるようになりました。センシングできる生体データも種類が増え、心拍数や血糖値、血圧、脳波など様々なデータを計測できるようになってきています。小型化することでIoT化し、計測したデータをクラウド上のプラットフォームに集約できるようになりました。その結果、計測した生体データを人工知能で解析することで、健康増進に役立てられます。

　例えば、生体データを用いたサービスのひとつにApple Watchで提供されている心拍異常の通知に関するサービスがあります。Apple Watchによって心拍数や心電図の測定が恒常的にできるようになり、取得したデータを人工知能で解析することにより、心拍の異常を検出できるようになりました。これにより、自身の健康状態を常にモニタリングし、突然の発作などを未然に防ぐような行動をとれるようになります。

6

◉ 点群データを用いたサービス

　最後に、近年注目されているデータのひとつである、**点群データ**について取り上げます。点群データは、レーザースキャナーを用いて計測された点の集まり（点群）のデータを指します。

　画像や音声などは、外から発せられる光や音の情報をカメラやマイクに搭載されたセンサーでセンシングして情報を抽出する方法をとっていますが、点群データは、能動的にスキャナーから光を発し、物体などから反射してきた光を再び捉えることで、物体との距離や形状などを3次元的に再現する技術が使われています。

　ここでスキャナーから発せられる光はレーザー光のため、特定の1カ所に対して光を発して反射光を受け取り、その場所までの距離を特定します。光の照射と反射波の検出を色々な方向に繰り返すことで、複数箇所の距離のデータが蓄積されます。それを点群データとして収集することで、周囲の環境をバーチャル空間上に再構築できるようになります。

　このようにして得られた点群データの応用先のひとつに自動運転車があり

ます。自動運転車は、周囲の車、通行人、通行帯などを認識するために、リアルタイムに収集した点群データを用いています。カメラ画像だけでは3次元情報を得ることは難しく、点群データによって距離の情報を収集することで、歩行者と自動車の距離を測ることができ、安全な自動運転に貢献しているのです。例えば、自動運転車などへの応用も期待されるBlickfeld社のシステムでは、150m以上の範囲の点群データを取得できます（図13）。

　点群データを用いた人工知能のサービスは今後、多数登場してくることが予想されます。すでにいくつかのサービスの提供は開始されており、例えば、点群データの中から、建物などの構造物ではないノイズ（例えば、たまたま映り込んでしまった人）

図13　3次元の点群データのイメージ

を除去する人工知能のソリューションが提供されていたり、点群データが何を撮影したものかを特定したりといった、これまで画像解析で行われていたようなサービスがまさに登場している状況にあります。今後のさらなる発展が期待される分野のひとつです。

第6章のまとめ

- 人工知能を構築するために用いられるデータには、画像、テキスト、音声、IoTデータなど様々なデータが存在する
- 深層学習の登場によって、画像データが用いられる様々な人工知能サービスが登場している
- 画像データを用いた人工知能サービスには、スマホアプリ、工場の外観検査、設備点検、防犯、医療用の画像を用いた診断支援などのサービスがある
- テキストデータを用いた人工知能サービスには、チャットボット、翻訳、スパムメールの判定などがあり、ChatGPTの登場によりサービスの拡大が期待される
- 音声データを用いた人工知能サービスには、音声認識によるテキスト化サービスや、テキスト化したものをさらに用いるようなサービスが登場しており、スマートスピーカーやコールセンターの業務効率化などが主要な応用事例である
- IoTデータは、工場設備のIoT化による故障検知、生体データを用いたサービス、点群データを用いたサービスなどが登場し、今後、さらなる拡大が期待される分野である

6

✓ 練習問題

Q1 画像データを用いた人工知能と組み合わせることで、高所作業の安全性の向上に大きく寄与するデバイスは何でしょうか？

- **(A)** ヘリコプター
- **(B)** ドローン
- **(C)** タブレット
- **(D)** 人工衛星

Q2 ChatGPTの登場は、チャットボットにはどんな変化を起こすことが期待できますか？

- **(A)** 長文の入力に対してスムーズな応答ができるようになる
- **(B)** 従来のチャットボットに対して精度が増す
- **(C)** 音声入力に対応できるようになる
- **(D)** 画像を扱えるようになる

Q3 工場内の産業用機器に取り付けたIoTデータを人工知能で解析することで、どのようなことが最も期待されるでしょうか？

- **(A)** 作業員のシフトの最適化
- **(B)** 作業者の安全性の向上
- **(C)** 製造スピードの向上
- **(D)** 産業用機器の故障検知

Q4 自動運転車の実現に大きく貢献しているデータはカメラ画像データと何でしょうか？

- **(A)** 音声データ
- **(B)** 生体データ
- **(C)** 点群データ
- **(D)** ビッグデータ

解答　**A1.** B
A2. A
A3. D
A4. C

Chapter

07

Pythonを使って
人工知能をつくろう
〜プロジェクトマネジメントを学ぶ〜

プログラミングや人工知能開発の技術を一通り学んだことで、皆さんも
Pythonによるシステム開発プロジェクトにエンジニアとして携われる
ようになりました。
本章では、変化の激しい時代に求められるプロジェクトマネジメントの
考え方や、人工知能を開発する際のプロジェクトマネジメントのポイン
トを解説します。

プロジェクトマネジメントを体系的に学ぼう

これまで、Pythonを用いたプログラミング技術やPythonを利用した人工知能の構築について学んできました。このような技術や知識を活用することで、人工知能を様々な課題解決に役立てられるようになります。

最後に、プロジェクトマネジメントに関する標準プロセスを学ぶことで、人工知能開発プロジェクトを自らリードしていくための基本的な知識を身に付けます。

Step1 プロジェクトとはどういうものか考えてみよう

これからプロジェクトマネジメントを学んでいきますが、どういうものをプロジェクトと呼ぶのでしょうか。プロジェクトの定義について、具体的に自分が関わったプロジェクトを思い返してみたり、自身でプロジェクトに関わったことがないのなら想像したりしながら、プロジェクトとはどういうものなのか考えてみましょう。

- _____
- _____
- _____
- _____
- _____
- _____

解答例 納期などの期間が決まっていること、予算が決まっていることなど、それぞれ自身の思うプロジェクトの共通点を探してください。

Step2 プロジェクトを進めるにあたり
気を付けるべきことを考えてみよう

　具体的に自分が関わったプロジェクトを思い返してみたり、自身でプロジェクト
に関わったことがないのなら想像しながら、どのようなことをプロジェクトでは気
を付けるべきか、思いつくものを挙げてください。

-
-
-
-
-
-

解答例 納期を守ること、収益管理を正しく行うこと、クライアントとのコミュニケーションを行う
ことなど、それぞれ自身の思うプロジェクトで気を付けるべきことを挙げてください

Step3 人工知能のプロジェクトとシステム開発の
プロジェクトの違いを考えてみよう

　人工知能のプロジェクトとシステム開発のプロジェクトでは似ている点も多くあ
りますが、異なる点もたくさんあります。何が似ていて何が異なるのか、思いつく
ものを挙げてください。

類似点
-
-

相違点
-
-

解答例 類似点：納期を守る必要があること、収益管理を正しく行う必要があること、プログラミン
グという工程があることなど、人工知能開発もシステム開発も、どちらもコンピュータ上で
動くプログラムを作成する点では多くの類似点があります。
相違点：プロジェクト開始時に精度が保障できないこと、システム稼働開始後のデータの蓄
積によって精度の改善が見込まれること、データがなければ開発ができないことなど、人工
知能特有の学習と精度の観点は通常のシステム開発とは大きく異なります。

Step4 ▶ 規則性を見つけることが人工知能開発の第一歩

人工知能開発とは、規則性を見つけて、予測することに他なりません。次の数字の規則性を見つけ、抜けている数字を予測してみましょう。

1	3	5	（①）	9	11	13

1	2	4	（②）	16	32	64

1	1	2	（③）	5	8	13

解答例 ①7（2ずつ増える：等差数列）、②8（前の数の2倍：等比数列）、③3（前とその前の数の和：フィボナッチ数列）

Step5 ▶ 描画してみよう

規則性を見つけるためには描画を行うのがひとつの方法です。Pythonで実際にStep4の数値列を描画してみましょう。

> 描画には、matplotlibのライブラリを使います。
> 最初の2ずつ増えていく等差数列のコードを実際に書くと次のようになります。
>
> ```python
> from matplotlib import pyplot
> x = [1,2,3,4,5,6,7]
> y = [1,3,5,7,9,11,13]
> pyplot.scatter(x,y)
> pyplot.show()
> ```
>
> プロットした結果は、次のような図が出力されるはずです。見てわかる通り、点が直線状に並んでおり、規則的な配列になっていることがわかります。
>
>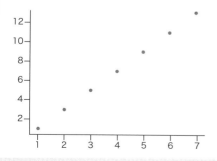

残り2つの数列についても出力してみましょう。

```
from matplotlib import pyplot
x = [1,2,3,4,5,6,7]
y = [1,2,4,8,16,32,64]
pyplot.scatter(x,y)
pyplot.show()
```

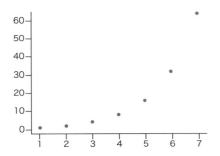

```
from matplotlib import pyplot
x = [1,2,3,4,5,6,7]
y = [1,1,2,3,5,8,13]
pyplot.scatter(x,y)
pyplot.show()
```

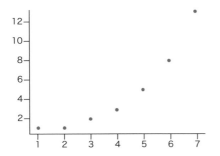

先ほどの②の等比数列、③のフィボナッチ数列もプロットすることができました。

プロジェクトマネジメントとは何か？

◎ プロジェクトに規模の大小は関係ない

　ここまでPythonでプログラミングを行うために必要な考え方を一通り学んできました。1人でプログラミングを行う場合や、趣味でプログラミングを行う場合には、プロジェクトという考え方は必要ないかもしれません。しかし、プログラミングで何らかのコンテストに出たいと思った場合や、プログラミングのスキルが高まってきたのでチームをつくって何らかの開発に挑戦したいと考えた場合には、**プロジェクトをマネジメントすること**が非常に重要になってきます。

　「プロジェクト」という言葉や「プロジェクトマネジメント」という言葉を聞くと、少し身構えてしまうかもしれません。わざわざ「プロジェクト」と呼ぶ必要があるような大きな組織を組成して、組織を動かすために細かくタスクを分解して工程表をつくって……といった作業がイメージされるからかもしれません。しかし、実際には、プロジェクトという言葉自体には規模の大小はあまり関係なく、先ほどの何らかのコンテストに出るためにプログラミングを行うのも立派なプロジェクトのひとつです。

　プロジェクトマネジメントには、「**PMBOK**」（Project Management Body of Knowledge）という体系化された世界標準が存在します。PMBOKでは、プロジェクトを「プロジェクトというのは、価値創造のための有期の活動である。価値創造というのは、独自の製品開発やサービス開発、プロセス開発によって行われるものである」と定義しています。私が今書籍を執筆しているこの活動も、締め切りのある有期の活動で、新しい書籍というサービス開発を行うという点で、プロジェクトのひとつになります。コンテストに出るためのプログラミング活動も、コンテスト参加の締め切り日があり、それに向けて新たな作品を生み出す活動は、プロジェクトそのものと考えられます。

プロジェクトマネジメントは アジャイルの時代に

　世界のプロジェクトマネジメントの標準を定める『PMBOKガイド』の第1版が刊行されたのは、1996年にさかのぼります。今から30年近く前には、システム開発におけるプロジェクトマネジメントの考え方を体系的にまとめ、標準として定めようとする動きがあったことになります。

　それ以降、情報化社会の流れの中で、パーソナルコンピュータの普及、スマートデバイスの普及、クラウドコンピューティングの登場、そして人工知能の登場と続く現在まで、当然のように必要となるプロジェクトマネジメントのスタイルも変遷を遂げてきています。『PMBOKガイド』は版を重ね、現在までに第7版が出版されています。最新のプロジェクトマネジメント標準となる『PMBOKガイド　第7版』の登場は、2021年にさかのぼります。

　第6版から第7版は、大きく内容が刷新されたことで大きな話題になりました。第7版では、変化の激しい現代社会の状況に合わせて、求められるプロジェクトマネジメントの標準をまとめたものとなっています。現代はVUCAの時代にあるという言葉は多くの人が一度は聞いたことがあるかもしれません。Volatility（変動性）、Uncertainty（不確実性）、Complexity（複雑性）、Ambiguity（曖昧性）という4つの言葉の頭文字をとった言葉です。

　現在は変動が大きく、不確実性の高い時代といえます。そのため、システム開発のプロジェクトでも、1年がかりで大規模なシステムをつくるよりは、現在の社会状況に合わせてスモールスタートをしながら機能を修正したり拡張したりするほうが不確実性に対応でき柔軟なシステムに仕上げやすくなります。

　このような開発手法を**アジャイル開発**と呼びます。現在のシステム開発は、アジャイル開発を選択する場合も増え、プロジェクトマネジメントもこのような不確実な状況にいかに対応していくかといったマネジメントスタイルが求められる時代になってきています（図1）。

図1 PMBOKの歴史

⊚ プロジェクトはQCD管理から価値提供システムへ

　これまでのプロジェクトマネジメントでは、QCDの管理をいかに行うかが重視され、プロジェクトリーダーはQCDの管理を行うことに注力し、プロジェクトの円滑な遂行に努めてきました。現在でも大小様々なプロジェクトの中でQCDという言葉は登場し、依然として重要な概念のひとつになっています。しかし、『PMBOKガイド 第7版』では、アジャイル開発が求められるVUCAの時代では、QCDの管理に加え、**プロジェクトマネジメントのスタイルを価値提供システムへと昇華させる**必要性を説いています。

　出発点となるQCDの管理とは何か、改めて説明します。

　QCDはそれぞれ、Quality（出来上がりの品質）、Cost（費用）、Delivery（納期）の3つの単語の頭文字をとっています。プロジェクトマネジメントの基本は、**QCDを適切に管理すること**です。

　QCDのQ、すなわちQualityを適切に管理するとは、出来上がった製品の品質を高め、顧客満足度を高める活動を意味します。いくら納期を守って、費用を安く抑えてシステム開発を行ったとしても、顧客と合意している品質に届かなければ、そのプロジェクトは失敗といえるでしょう。

　では、Qualityが高くなれば、Costは度外視してもよいかというとそうい

うわけにもいきません。システムの完成度は時間をかければかけるほど高まっていくかもしれませんが、プロジェクトメンバーの人員をいたずらに増やしたり、人員を増やさなくても過度な長時間労働を課したりして、コストが積み上がっていくのはあまりよい状態とはいえません。そのようなやり方ではいずれ破綻を招くでしょう。

　また、納期の順守(Delivery)についても当然のことながら気にかけておく必要があります。QualityとCostが当初の想定通りに進捗したとしても、最終的な成果を顧客に納めるのが1カ月も遅れると、顧客から白い目で見られても文句はいえません。

　このようにプロジェクトマネージャーには、**プロジェクトの開始時にQCDをコントロールできるように適切なプロジェクト設計ができていること**が求められます。しかし、プロジェクトの中で想定外な出来事が起きることはよくあります。例えば、自分自身が体調不良で動けなくなることもあるでしょう。その場合に、QCD管理の観点から何を優先するのか、その判断を常に下しながらリカバリーしていくことも重要なプロジェクトマネージャーの仕事なのです。

　そして、現在のプロジェクトではQCD管理以上に、**価値提供を行うこと**が重要になってきました。当初設定した目標を達成するためだけにQCD管理をしていると、外部環境に変化があった場合に、たとえプロジェクトは成功だったとしても、出来上がったシステムが環境になじまないといったことが起きかねない時代になったのです。そのため、プロジェクトマネジメントを価値提供システムにしていくことが重要視されています。

　ここでいう価値提供とは何でしょうか。プロジェクトの当初の定義に立ち返ると、プロジェクトとは、「価値創造のための有期の活動である」と定義されていました。すなわち、プロジェクトは"価値"を創造する活動自体を指すため、プロジェクトの結果として何らかの価値を提供することは当然のことだったはずです。しかし、VUCAの時代では、顧客の感じる"価値"自体がプロジェクト実施期間中も常に変動していくのです。そのため、VUCAの時代において、プロジェクトマネジメントに求められることは、**常に変動する顧客にとっての"価値"を適切に見定め、しっかりと"価値提供"を行うための仕組みを構築していくこと**なのです(図2)。

プロジェクトとは、
・価値創造のための有期の活動
・価値創造は、独自の製品開発やサービス開発、
　プロセス開発によって行われるもの

求められるプロジェクトマネジメント

図2　プロジェクトマネジメントに求められることが変化

◎ プロジェクトマネジメントの原理・原則とは？

　プロジェクトがQCD管理の時代から価値提供システムへと変化する中で
は、プロジェクトの標準的なプロセスを定めてゴールに向けて前進するとい
う旧来型の手法をとり、プロジェクトリーダーやプロジェクトメンバーが与
えられる役割をそつなくこなすだけではプロジェクトが成立しづらくなって
きています。そのため、『PMBOKガイド 第7版』では、プロジェクトマネジ
メントの原理・原則を定め、プロジェクトリーダーだけでなく、プロジェク
トメンバーにも適応されるような行動指針や考え方を定めました。『PMBOK』
はこれまで、特にシステム開発におけるプロジェクトマネジメントの手法を
体系的にまとめていたのに対し、最初に原理・原則から入り、一般的にビジ
ネス書に書かれているようなあるべき心構えを冒頭に掲げたのは大きな変化
であり、プロジェクトマネジメントのあり方が大きく変革していることの証
左であるといえるでしょう。

　それでは、『PMBOK』の定める原理・原則の詳細を説明します。『PMBOK
ガイド 第7版』の定める原理・原則では、12項目の観点から、プロジェクト
マネジメントで必要とされる考え方を説明しています。12項目のキーワード
は図3の通りです。

図3　プロジェクトマネジメントの原理・原則

7

　VUCAの時代であり、柔軟性の高いアジャイル開発を前提とするプロジェクトマネジメントの原理・原則という視点に立って12項目を見てみると、何をいわんとしているかはおのずとわかってきます。「Stakeholders」「Systems Thinking」「Tailoring」「Complexity」「Risk」「Adaptability and Resiliency」「Change」という7つのキーワードの根底に流れる考え方は、プロジェクトの外部環境が常に変化し続けていることです。そのため、周囲の環境やステークホルダーとのコミュニケーションを常に意識し、リスクや変化に迅速に対応していく心構えが説かれているといえます。

　そうした変化に対応するための「Stewardship」「Team」「Leadership」は、チームとして必要となる心構えが示され、プロジェクトメンバーとのコラボレーションの重要性が説かれています。さらに、「Value」「Quality」として、そういった環境の中でも、質の高いプロジェクトの遂行を求めているという考え方がよく表れています。

◎ 『PMBOK』の定めるパフォーマンスドメイン

　プロジェクトの原理・原則の12項目について説明しました。『PMBOK』では、12項目の原理・原則に加えて、8つの**パフォーマンスドメイン**を定めて

　います。パフォーマンスドメインとは、プロジェクトの成果を高めるために実施すべき事柄を定めたものです。

　8つのパフォーマンスドメインで示している観点は、図4の通りです。なお、本書では観点のみ示しますので、具体的な手法などの詳細は『PMBOK』の関連書をあたってください。

　パフォーマンスドメインはQCD管理だけにとどまらず、プロジェクトの成果を最大化させるために必要となる、関係者とのコミュニケーションや、計画、不確実性への対応など、広い概念を網羅していることがよくわかります。

図4　プロジェクトマネジメントのパフォーマンスドメイン

ウォーターフォール型の
システム開発工程を
押さえよう

◎ システムの開発工程の概要

　すでにアジャイル開発という言葉については簡単に説明しました。アジャイル開発以前は、**ウォーターフォール型**の開発アプローチをとっていました。アジャイル開発以前に主流となっていたウォーターフォール型の開発工程について改めておさらいしておくことは、**システム開発にどのような工程があるのか**を知る上では極めて重要なことです。

　アジャイル開発は、機能の変更や拡張を柔軟に受け入れるために、短期にリリースと修正を繰り返す柔軟性があるアプローチでした。一方のウォーターフォール型の開発アプローチは、システムの仕様を明確に決め、ゴールを定めて必要なプロセスを順繰りに実施するものです。ウォーターフォールという言葉の意味が「滝」と日本語訳できることからも、上から下へと順番に必要なことを実施するアプローチであり、システムにおける開発工程の基本的な手順を順番に進めるアプローチといって差し支えないでしょう（図5）。

　ウォーターフォール型に進んでいくシステム開発のプロジェクトマネージャーの仕事は、**システム開発の全工程のQCD管理**こそが最も大切な仕事であるといって差し支えありません。

7

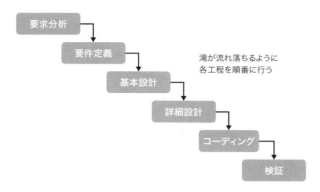

図5　ウォーターフォール型の開発工程の全体像

要求分析と要件定義でスコープを定める

　ウォーターフォール型に進んでいくシステム開発で最初に行われるのが**要求分析**です。通常のシステム開発プロジェクトの場合、顧客の要求に応じてシステム開発が行われます。すなわち要求を分析することなくしては、システム開発が行えないのです。逆にいえば、要求が明確になれば、出来上がったシステムは高い顧客満足度を獲得できます。

　では、要求とは何でしょうか。要求の分析とは、課題やニーズの分析と言い換えることもできます。例えば、スマートフォンの顔認証はどのような要求によって生み出された機能でしょうか。指紋認証やパスコードによる認証が手間である、もっと簡便な方法でスマートフォンのロックを解除することはできないかが要求だったかもしれません。

　要求やニーズは顧客が明確にもっている場合もありますが、明確化されていない場合や、顧客が求めている要求とは異なるものこそが真の要求である場合もあります。例えば、先ほどの指紋認証の例でいえば、顧客は指紋認証の認証精度が悪いので精度を高めたいというのが最初の要求だったかもしれません。その要求に対して、精度を高めることではなく、真の要求である、より簡便な方法でスマートフォンのロックを解除することはできないかという要求にたどり着くことが求められるということです。

　要求分析を終えると、次に行うのは**要件定義**です。要求に対してシステム

的な解決手段を検討し、システムに実装すべき内容を明らかにすることが、このフェーズで求められることです。「より簡便な方法でスマートフォンのロックを解除したい」という要求に対して、「顔認証でスマートフォンのロックを解除する」というアプローチを明らかにすることがまさに要件定義です。スマートフォンのロックの解除方法は顔認証だけでなく、音声による声紋認証や瞳を使った虹彩を用いた認証なども可能かもしれません。これら複数の認証方法の中で、簡便な認証方法として顔認証を選択することで、システムに実装すべき内容を明らかにすることが要件定義のフェーズで実施することなのです（図6）。

要求分析	要件定義
顧客のたくさんの要求を明らかにする	**要求を解決するシステムを検討する**

いつでも音楽を聴きたい

自分の好きな音楽を聴きたい

その日の気分に合わせて音楽を流してほしい

周囲の音に邪魔されずに音楽を楽しみたい

ポータブル音楽プレーヤー

自分の好きな音楽を再生可能

ヘッドホンと音楽プレーヤーを接続できる

気分に合わせてカテゴリーに分けて選択できる

図6　要求分析と要件定義の違い

◎ 基本設計と詳細設計でシステムを定義してコーディングで実装する

　要件定義ができると、続いて基本設計を行い、詳細設計、コーディングへとプロセスは進みます。

　基本設計は、要件をどのように実現するかを顧客にわかりやすい形で提示

できるようにしたシステム設計のことです。例えば、顔認証でスマートフォン
のロックを解除するシステムを考える場合、顔認証の顔画像の登録方法ひと
つとっても様々な方法を検討する必要があります。既存の写真を登録する方法
や、新規に顔画像を撮影する方法、あるいはその両方を複合的に用いる方法
なども検討できるでしょう。また、実際に認証する際にも、カメラアプリを起
動しなければ認証プロセスに移行しないのか、スマートフォンの画面のスリー
プモードが解除されたら即認証プロセスに移行するのかによって、ユーザーに
とって使い勝手が変わります。カメラアプリを起動することがユーザーにとっ
ては手間に感じる可能性がありますし、逆にスリープモードが解除されたら即
認証プロセスに移行してしまうと、知らないうちにスマートフォンのロックが
解除され、誤動作につながってしまうリスクにもなるでしょう。基本設計とは、
これらの1つ1つについて顧客と合意を得ながら、システムにどのような機能
を搭載するかを明らかにしていくプロセスのことを指します。

　詳細設計は、基本設計からさらに機能ごとの実現方法を詳細に開発者間で
合意するために実施する作業です。この段階は、例えば、取得した顔画像を
どのようにデータベースに登録し、どのようなタイミングや手段でデータベー
スを参照して認証するかを細かく設計していく工程になります。詳細設計で
は顧客と会話することは少なく、基本設計で顧客と合意した内容を素直に実
現していけばよいのです。

　そして、詳細設計で決めた方法を**コーディング**によって実行に移すのが一
連のシステム開発の流れです（図7）。

基本設計
システムの接続や画面の検討を行う

詳細設計
フローチャートなどで表す

Bluetooth で
接続

最初の画面で
音楽のカテゴリーを選ぶ

次の画面で
流したい音楽を選ぶ

開始

音楽の再生ボタンが押される

停止ボタンが
押された？　　**No**

Yes

音楽を停止する

次の操作があるまで待機する

終了

コーディング
フローチャートに従ってシステム構築

```
def play_music():
          #音楽再生用のコードを記述

def stop_music():
          #音楽停止用のコードを記述

def button_click(command):
          #ボタンクリック時の操作を記述

play_button = button_click(play_music)
stop_button = button_click(stop_music)
```

※コードはわかりやすさのため簡略化して記載

図7　基本設計と詳細設計とコーディング

◉ 検証してリリースする

　システム開発のプロセスで最後に実施するのが、検証すなわち**テスト**です。テストでは、これまで実施してきたプロセスを逆向きにたどって、実施した内容が正しく実装されているかを確認していきます。

　まずは、単体テストや結合テストと呼ばれるテストを実施します。**単体テスト**は、詳細設計などで詳細化された1つ1つの機能や、それらの機能を実現するための各メソッドが正しく動作し、例外やエラーなどが発生しないか

をテストすることです。そして、単体テストで合格したそれぞれのメソッドや機能が、各システムと接続して1つの一連のシステムとして動作するかを確認することが**結合テスト**です。

　単体テストと結合テストによって、システムとして正しく動作できるかを確認します。それに続いて、**システムテスト**と呼ばれるテストを行います。基本設計で設計したものがシステムに正しく実装されているかを確認します。例えば、顔認証のプロセスを行うための画像の登録方法や顔認証の実施方法は、当初想定していた通りの動作になっているかを確認します。

　これらが正しくできていることを確認できたら、**受入テスト**へと移行します。受入テストは、顧客とともに合意したシステム要件をきちんと検体しているかを確認するプロセスです。受入テストで合格できたら、顧客の要件定義に満足するシステムが完成したことになり、いよいよリリースすることになります（図8）。

　ウォーターフォール型のシステムは、このようなプロセスを経てリリースされます。このようなプロセスを順番に抜け漏れなく実施できれば、顧客満足度の高いシステムを完成できます。ウォーターフォール型のシステム開発では、プロジェクトマネージャーは**これら一連のプロセスをきちんとQCD管理していくこと**が重要になります。

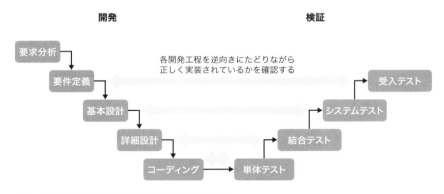

図8　検証（テスト）は開発工程を逆向きにたどる

アジャイル型に近い
人工知能の開発工程

◎ 人工知能開発とシステム開発の違い

　ここまでウォーターフォール型のシステム開発について説明してきました。ウォーターフォール型のシステム開発では、プロジェクトマネジメントは一連の定められたプロセスのQCD管理をしっかり行うことが重要でした。

　それでは、人工知能を開発するプロジェクトマネジメントの場合は、どうでしょうか。人工知能の開発もコーディングなどの作業があり、システム開発と類似のプロセスで実行できると思うかもしれません。しかし、人工知能の開発は、**システム開発のアプローチを適用するには不確定な要素が多い**という問題があります。

　人工知能の開発工程では、**そのような不確定要素にいかに対応するか**がプロジェクトマネジメントで重要になってきます。まさに、価値提供システムとしてプロジェクトを機能させるために、**臨機応変に顧客要求を見定め、最善策をとっていくアジャイル型のアプローチ**が重要になるのです。

　具体的に各プロセスで、どのような点が、ウォーターフォール型のシステム開発と人工知能の開発で異なり、どのようなことに気を付けてプロジェクトマネジメントする必要があるのでしょうか。

　要求定義のプロセスは、ウォーターフォール型のシステム開発も人工知能開発も顧客のニーズを明らかにする点では同じです。しかし、人工知能の開発では、次の要件定義のプロセスが大きく変わってきます。

　システム開発の場合、システムの挙動はコーディングした通りに動くことが保障されますが、人工知能の開発の場合、データを収集してアルゴリズムを適用してみなければ、顧客要求に対して十分な精度のアルゴリズムが構築できない可能性を常に含んでいます。また、要件定義の段階で、目標となる精度の値を設定することもできますが、実際にその目標値を達成したとしても、それが十分な精度かどうかは実際にユーザーが使ってみてはじめてわか

ることもあります。例えば、顔認証も人工知能開発のひとつといえますが、要件定義の際に80%の精度の顔認証技術を搭載するシステムと定義して顧客と合意したとしても、実際に導入されたときに5回に1回認証に失敗するシステムは人工知能だからと許容されるのか、改めてシステムを使ってみると100%に近い精度で毎回顔認証が実行されるべきと感じるかは人それぞれになる可能性があります。

　そのような場合に、何が最適で、どのような精度を実現していけばいいのか、という判断は、製品を細かくリリースしながら顧客とともに検討していく必要があるでしょう。まさにアジャイル型のアプローチが求められ、顧客との対話を繰り返しながら、顧客にとっての価値を提供するプロジェクトマネジメントが求められるのです。

　また、人工知能開発の場合には、プロジェクトマネージャーは、精度が出なかった場合に、どのようなリカバリーを行うのか（例えば、時間やお金があるのならデータの追加収集や、精度が不十分でも顧客満足度を向上させる方策がないか要求分析を改めて実施するなど）もあらかじめ見通しておく必要があり、ウォーターフォール型のシステム開発と比べて多くのことを予見し、臨機応変に対応していかなければなりません。

人工知能の開発工程の概要

　人工知能の開発は、ウォーターフォール型のシステム開発ほどには順序立てて進められるものではありませんが、人工知能を開発するために必要となる工程はある程度決まっており、プロジェクトマネージャーとしては最低限のプロセスは押さえておく必要があります。

①顧客の要求分析を行って人工知能で解決できそうな課題かどうかを明らかにする

　まずはシステム開発の基本である顧客の要求分析を行います。人工知能も顧客の課題解決のためのツールのひとつでしかないので、顧客の要求分析を行った結果、その要求を解決するためのシステムが人工知能であった場合には、人工知能の開発を選択することになります。

　なお、顧客の要求に対して、すべて人工知能が適応できるわけではありません。そのため、その要求は、人工知能で解決することが適切なのかどうかを最初にスクリーニングする必要があります。その考え方は後ほど説明します。

②データを収集する

　人工知能の開発には大量のデータが必要となります。特定顧客の特定の状況に対する課題に対して人工知能を適応する場合には、顧客と相談しながらその状況に特化したデータを集める必要があります。もし汎用的に使えるようなツール・人工知能サービスを提供しようと思った場合には、できる限り幅広いデータが必要になります。データに偏りがあることで精度に悪影響が発生するのは人工知能の弊害のひとつです。

③データを人工知能に活用できるように整理する

　いわゆる**前処理**と呼ばれる工程に該当します。これまでの章で述べてきた通り、データに正解ラベルを付けること（例えば猫の画像に"猫"というラベルを付けるなど）や、データに欠損があった場合などに補ったりすること、きれいな表形式の構造化データと呼ばれるものに整理することなどが前処理のプロセスにあたります。人工知能開発の大半は前処理プロセスであるといわれるほど重要であり、かつ時間がかかるのがこのプロセスです。

④最適なアルゴリズムを選択して精度を高める

　データの前処理が終わると、アルゴリズムを選択し、人工知能の精度を高めていく工程に移ります。精度が高まらない場合には、アルゴリズムの選択変更を行うのはもちろんのこと、②や③のプロセスまで戻り、データ数を増やしたり、前処理のやり方を変えたりといった方法をとって、可能な限り精度が高まるように工夫します（図9）。

図9　人工知能の開発工程の全体像

◎ 人工知能で解決できそうな課題なのか あたりを付ける

　最初に考えるべきことは、顧客要求に対して人工知能が適応できるのかです。多くの人が、人工知能であれば何かできるだろう、何かやってくれるだろう、そんな期待を人工知能に寄せ、雲をつかむような要求をすることも度々見かけます。プロジェクトで価値を提供するためには、**人工知能にどのような特徴があり、どのような課題に対して価値を発揮しやすいのかを理解し、顧客と会話する中で、顧客の期待値をコントロールすることも**非常に重要になるのです。

　それでは、人工知能が適応しやすい課題とは何でしょうか。人工知能の開発プロセスから、次の3つのことを考える必要があります。

①データが集めやすいか
②データにラベルを付けられるか
③精度は満足のいくものが得られそうか

　まず、データが集めやすいかどうかという点は人工知能の構築を考える上で重要なポイントになります。例えば、ChatGPTは大規模なテキストデータを利用することで文章を生成できるようになりました。インターネットが発達したことで、多くのテキストデータがインターネット上にあふれ、そのことによってChatGPTが開発されたことを考えると、現代においてテキストデータは比較的集めやすいデータといえます。一方で、業界に特化したデータは容易には得られません。例えば、病院の患者のデータは、病院内で日々

大量に蓄積されていますが、個人情報の問題があり、外部から手に入れることは難しいデータになっています。

　次に、データにラベル付けができるか、ということです。写真を見て、そこに写っている人の男女をラベル付けしたり、人と犬をラベル付けしたりするのは比較的たやすい作業です。一方、専門知識のラベル付けは極めて難しい作業です。レントゲン写真に写った影が、肺炎によるものなのか、それ以外によるものなのか、というラベル付けは、素人には難度が高い作業です。また、そもそもラベル付け自体が難しい場合もあります。例えば、体温や血圧などを毎日記録していて、健康と不健康とをラベル付けしたい場合を考えてみましょう。39℃の発熱があった場合には明らかに不健康のラベル付けをすればよいですが、発熱があった前日は不健康・健康どちらなのでしょうか。また、体温も血圧も正常なのに何となく体が重たいと感じるときは健康なのでしょうか不健康なのでしょうか。このように定義すること自体が難しく、ラベル付けすることができないデータも世の中には山ほどあるのです。

　最後に、精度の問題です。精度が満足のいくものである、というのは100％であることを意味していません。例えば、車や人の通行量調査について、現在は人手で計測しているものを人工知能で置き換えたいと考えた場合、必ずしも完璧である必要はなく、人と同じくらいの精度であれば問題ありません。人が行う場合、たくさんの人が歩いてきた場合には、見落としたり数え間違えたりする可能性はゼロではありません。そうであるなら、人工知能であっても、人と同等程度の精度であれば許されるわけです。一方、医師の病気の診断を支援するシステムでは限りなく100％の精度であることが期待され、誤診は許されません。このように、通常の想定される業務形態から、満足のいく精度を実現できるかを人工知能を構築する上であらかじめ考え、課題設定を行う必要があります。

◎ 少量のデータで解析し、 どのような価値を提供し得るかを考える

　人工知能で解決できそうな課題かどうかを判断する上で、3番目の「精度は満足のいくものが得られそうか」という問題に対する答えをすぐに得ること

は難しい場合が多いです。その場合にどうするかというと、**実際に少量のデータで人工知能を構築し、試してみること**が最も手っ取り早い方法です。

　人工知能のブームとともに、世の中では、入手可能なデータがある程度集まるようになってきています。例えば、**オープンデータ**も使えるデータのひとつです。医療用画像は入手しづらいという話を先ほどしましたが、医療の発展のために、オープンデータとして公開されているものがいくつかあります。日本放射線技術学会の画像部会からは、「miniJSRT_database」というラベル付けが行われた状態のレントゲン画像が公開されています。

　十分な精度が実現できるか、という視点では、このようなオープンデータを用いて試してみることもひとつのやり方です。こういったデータを使って50％の精度しか出ないのか、100％に近い精度まで上げられるのか、あたりが付けられるだけでも大きな前進になります。

　一方で、プロジェクトマネージャーとしては、十分な精度が出なかった場合に、**その精度でどのような価値を提供できるかを考えるといった発想の転換**も重要になります。例えば、ABCの3つの選択肢を予測する課題があった場合に、その3つの選択肢のどれであるかを決める予測精度が80％程度と、そこまで高くない精度だったとします。その人工知能は正解の出力ができず、顧客が満足しない使い勝手の悪い人工知能であることは疑う余地もないでしょう。ただし、その人工知能が、もし、3つの選択肢の1つの選択肢が確実に違うことは言い当てられる、すなわち、正解がAかBでありCではないことを予測する精度が100％だった場合には、ひょっとしたら使いようがあるシステムになるかもしれません。

　このように、人工知能に何ができるのか、そのできることによって新たな価値を生み出し業務に適応していくという柔軟な発想を持ち合わせることも、人工知能という不確実性の高いシステムを構築して導入するときには重要な考え方になるのです。

　人工知能のプロジェクトの場合には、基本的な開発の流れを踏まえながら、**データの特性や構築された人工知能の特性などを踏まえ、顧客とコミュニケーションをとりながら適切に価値を提供していくこと**がプロジェクトマネージャーには求められるのです。

第7章のまとめ

- プロジェクトは、価値創造のための有期の活動を指すもの
- プロジェクトマネジメントは、『PMBOK ガイド』としてプロジェクトマネジメント標準がまとめられており、2021年に第6版から第7版に変わる際に内容が大きく刷新された
- プロジェクトマネジメントの役割は、従来のQCD管理から価値提供システムの構築へと変化している
- 『PMBOK ガイド』の第7版では、プロジェクトの原理原則として12項目を定めるとともに、8つのパフォーマンスドメインを定めている
- システム開発には、細かくリリースと機能の修正と拡張を繰り返すアジャイル開発のアプローチと、明確に要件定義を行って大規模システムを長期間にわたり開発するウォーターフォール型の2つのアプローチがある
- ウォーターフォール型は、要求分析、要件定義、基本設計、詳細設計、コーディング、検証という手順が定まった開発手法であり、QCD管理が主なプロジェクトマネジメントの役割である
- 人工知能開発は、データの質によって十分な精度が実現できないリスクを抱えており、アジャイル開発に近いアプローチをとり、顧客と密にコミュニケーションをとりながら価値提供するプロジェクトマネジメントが求められる
- 人工知能開発は、顧客要求分析、データ収集、データの前処理、アルゴリズムの選択と精度向上というプロセスを経るが、それぞれのプロセスを行き来しながら、精度向上を実現する必要がある

7

Q1 現在の変動が大きく不確実性の高い時代のことを何と呼ぶでしょうか?

(A) VUCAの時代

(B) GAFAの時代

(C) レジリエンスの時代

(D) DXの時代

Q2 QCD管理のQCDとはそれぞれ何を指すでしょうか?

(A) 上流、中流、下流

(B) 量、質、費用

(C) 品質、費用、納期

(D) 顧客、社員、ステークホルダー

Q3 『PMBOKガイド』の中で8つのパフォーマンスドメインとして記されていないものはどれでしょうか?

(A) Stakeholder

(B) Team

(C) Social

(D) Delivery

Q4 人工知能で解決できそうな課題かあたりを付けるために考慮する観点として適切でないものはどれでしょうか?

(A) データが集めやすいか

(B) データにラベル付けをすることはできるか

(C) 精度は満足のいくものが得られそうか

(D) 納期までに十分な時間が確保されているか

解答
A1. A
A2. C
A3. C
A4. D

索引

A

AirPassengers 170
AlexNet.. 156
AR モデル 137, 138
Average-pooling............................. 161

B

BASIC 58

C

C# 77
CBOW 224
ChatGPT 193, 197, 205, 258
CNN 148, 155
COBOL.. 58
CRNN 177
Cutout 242

D

Darts 170
DataLoader 149
DeepL 翻訳 260
diabetes.. 111
Discriminator 200, 202

E

EDSAC 56
Encoding-Decoding モデル............... 185

F

ENIAC 56

F

Forget Gate..................................... 175
FORTRAN... 57

G

GAN.. 200
Generator 200
gensim.. 215
Gini 係数... 124
Go 77
Google Colaboratory 31
GridSearch...................................... 113
GRU.. 177

H

HTML.. 76

I

Input Gate....................................... 176
InstructGPT..................................... 207
IoT 265
iris データセット 107
IVR 263

J

Janome.................................... 213, 222
japanize-matplotlib 217

JavaScript 76
JUMAN 222

K

Keras 90
k-meansクラスタリング 143
k-means法.....................................108
Kotlin 78
k近傍法...134

L

Label encoding................................220
LeNet...151
LISP..58
LSTM.....................................172, 175

M

Max-pooling....................................161
MAモデル 137
Mecab 222
Mixup 242

N

neologdn...215
Numpy.......................................80, 88
N分割交差検証法............................238

O

one-hot encoding....................214, 220
one-hotベクトル 220
Output Gate....................................176

P

pandas.....................................111, 226
PCA 109
PMBOK 276
Positional Encoding........................189
PPO 207
Python Package Index 80, 87
Python言語の歴史 59
PyTorch...229

Q

QCD管理..278

R

ReLU関数...132
Reset Gate......................................177
Reward model.................................207
RNN...174

S

scikit-learn 89, 107, 119, 228
SciPy 88
Scratch 21
Self-Attention 190
Sentence Piece 222
Seq2Seq................................179, 185
SFT model 207
Skip-gram.......................................224
Source-Target-Attention.................191
Sudachi 222
super()関数......................................48
SVM 109, 122, 155
Swift..77

T

tanh関数 132
TensorFlow 90
TF-IDF 105
Transformer 187
Transformer ブロック 187

U

Update Gate 177

V

VUCA..277

W

Web茶まめ....................................... 222
Word2Vec 215, 223

あ行

アジャイル開発 277
アセンブリ言語 57
アテンション 179, 183
異常検知サービス 264
移動不変性 157
意味ベクトル 223
インスタンス 37
インスタンス変数.............................. 40
ウォーターフォール型 283
受入テスト 288
エンコーダ 185
オープンソース 60
オープンデータ 294
オブジェクト指向プログラミング ..29, 37
音声検索サービス 262
音声データ 261
音声認識 261

か行

カーネル... 158
回帰分析... 136
階層的クラスタリング 141
顔認証機能 251
隠れ層... 130
画像解析 251
画像生成系 AI................................. 198
画像データ 250
型 34
価値提供システム............................ 279
活性化関数 132
カテゴリ変数 226, 231
関数 35
関数型プログラミング 68
キーバリューストア........................... 190
機械学習 94, 100
機械語... 57
基本設計 285
強化学習.. 102
教師あり学習 116
教師データ 99, 115
教師なし学習 116, 140
組み込みソフトウェア 75
クライアントサイド 76
クラス 37, 39, 42
クラスタリング 141
繰り返し 26
グローバル変数................................. 36
継承 47
形態素解析 222
結合テスト 288
欠損値..227, 233
決定木学習 100, 123
検索エンジン 105
交差検証 113
更新ゲート 177
コーディング 286
コールセンター業務 262
誤差逆伝播法 164

さ行

サーバーサイド 76
最遠隣法..142
再学習...205
最急降下法......................................165
最近隣法..142
(欠損値の) 削除 233
サポートベクターマシン ... 109, 122, 155
参照透明性...68
識別ネットワーク 200, 202
シグモイド関数 132
時系列データ 170
時系列予測.......................................137
自己教師あり学習 118
システムテスト 288
重心法...142
主成分分析 109, 140
出力ゲート.......................................176
出力層...130
条件分枝 25
詳細設計..286
情報利得..124
人工知能開発 289
人工知能の開発工程 290
深層学習..101
深層ニューラルネットワーク 102
ストライド.......................................160
正規化....................................228, 235
生成AI...18
生成系AI 193, 197
生成ネットワーク 200
生体データ 267
静的型付けのプログラミング言語........71
説明変数..122
セル...175
ゼロパディング 162
線形回帰..100
線形変換 132
全結合層..158
せん断...242
属性...39, 42

た行

大規模言語モデル.............................258
多項式回帰 136
畳み込み演算 158
畳み込み層.......................................158
畳み込みニューラルネットワーク
     ....148, 155
ダミー変数 227, 232
単体テスト.......................................287
チャットボット 259
強い人工知能.....................................97
ディープラーニング..........................156
データ拡張 229, 242
テキスト解析 260
テキストデータ 212, 258
テキストマイニング..........................104
テキストマイニング生成系AI 198
デコーダ..185
デジタル推進人材..............................20
テスト...287
手続き型プログラミング 68
転移学習..239
点群データ 268
動的型付けのプログラミング言語........71
特化型人工知能.................................98
ドローン..254

な行

ナイーブベイズ推定 128
ニューラルネットワーク 100, 130
入力ゲート 176
入力層...130

は行

ハイパーパラメータ..........................120
ハイパーパラメータ調整用データ 238
パディング 162
パフォーマンスドメイン 281

半教師あり学習 118
汎用型人工知能 98
非階層的クラスタリング 143
非線形回帰 136
非線形変換 131
評価データ 238
標準化 228, 236
標準ライブラリ 86
ファインチューニング 205, 239
フィルタ 158
プーリング層 158
フローチャート 26, 30
プログラム 16
プロジェクトマネジメント 272, 276
プロジェクトマネジメントの原理・原則
.... 280
プロンプト 205
分散表現 221
文脈ベクトル 180
平均値の代入 233
平均値補完 227
ベイズの定理 128
ベクトル化 217
変数 35
忘却ゲート 175
ホールドアウト法 237
（欠損値の）補完 233
ポリモーフィズム 44
翻訳サービス 260

ま行

マークアップ言語 76
前処理 291
ミニバッチ化 149
命令の流れ 24
メソッド 39, 42
目的変数 122
文字認識 219

や行

ユークリッド距離 134
要求分析 284
要件定義 284
弱い人工知能 97

ら行

ライブラリ 85
ラベル付け 101, 127, 203
ランダムフォレスト 128
ランダムフォレスト回帰 113
リカレントニューラルネットワーク
.... 172, 174
リストワイズ法 227
リセットゲート 177
量的変数 231
連鎖律 165
ローカル変数 36
ロジスティック回帰 136

著者プロフィール

清水 祐一郎 （しみず・ゆういちろう）

株式会社NTTデータ経営研究所ビジネスストラテジーコンサルティング
ユニットマネージャー
1990年大阪府高槻市生まれ。2015年東京大学総合文化研究科広域科学
専攻修了。認知脳科学の研究に従事。
2015〜19年、PHC株式会社にて、R&Dと事業開発に従事。AIの研究
開発とヘルスケアIT領域の事業開発を経験。
2019年10月より現職。現職では、民間企業と官公庁を相手に先端技術
の戦略コンサルティングに従事。AIとサービスロボットの社会実装、脳
科学の社会実装、ヘルスケアIT戦略策定など多くのプロジェクトに参画
している。
著書に『トコトンやさしい　サービスロボットの本』（日刊工業新聞社）、
共著に『コロナvs.AI』『医療AIの知識と技術がわかる本』（以上、翔泳社）
がある。

沖野 将人 （おきの・まさと）

株式会社NTTデータ経営研究所ニューロイノベーションユニットシニア
コンサルタント
立命館大学大学院 情報理工学研究科情報理工学専攻修了。
ジョブステック合同会社設立後、Webページ制作代行業務に従事した後、
IT関連企業でロボット・AIソリューション部に所属し、下流工程から上
流工程までのWebアプリの開発および運用設計に携わる。
その後、2017年11月よりNTT データ経営研究所に参画。主に、機械
学習・深層学習を用いたデータ解析に従事し、脳情報通信分野（脳情報解
読）における技術開発支援・解析業務などの実績を有する。

カバーデザイン	沢田 幸平 (happeace)
カバーイラスト	山内 庸資
本文デザイン	株式会社 トップスタジオ デザイン室 (轟木 亜紀子)
DTP	株式会社 トップスタジオ

おうちで学べる Python のきほん

2024年 5月20日　初版第1刷発行

著　　者	清水 祐一郎、沖野 将人
発 行 人	佐々木 幹夫
発 行 所	株式会社 翔泳社 (http://www.shoeisha.co.jp)
印刷・製本	中央精版印刷 株式会社

©2024 Yuichiro Shimizu, Masato Okino

ISBN978-4-7981-8413-5　　　　　　　　　　　　　　　Printed in Japan